AF249540

ENQUÊTE

SUR LA

Culture de la Betterave à Sucre

EN

RUSSIE

PAR UNE COMMISSION NOMMÉE PAR LE

SYNDICAT DES FABRICANTS DE SUCRE DE FRANCE

AOUT-SEPTEMBRE 1911

RAPPORTEUR : **M. ÉMILE SAILLARD**

PARIS
IMPRIMERIE DE LA PRESSE
16, Rue du Croissant, 16
1912

ENQUÊTE

SUR LA

Culture de la Betterave à Sucre

EN

RUSSIE

PAR UNE COMMISSION NOMMÉE PAR LE

SYNDICAT DES FABRICANTS DE SUCRE DE FRANCE

AOUT-SEPTEMBRE 1911

RAPPORTEUR : **M. ÉMILE SAILLARD**

PARIS

IMPRIMERIE DE LA PRESSE

16, Rue du Croissant, 16

1912

ENQUÊTE

SUR LA

Culture de la Betterave à Sucre

EN RUSSIE

PAR UNE COMMISSION NOMMÉE PAR LE

Syndicat des Fabricants de Sucre de France

ET COMPOSÉE DE

MM. BRABANT, Vice-Président de la Chambre de Commerce de Valenciennes ; Trésorier du Syndicat des Fabricants de sucre de France ; Agriculteur et Fabricant de sucre à Onnaing (Nord) ;

Louis BERNOT, Agriculteur et Fabricant de sucre à Ham (Somme) ; membre de la Chambre syndicale des Fabricants de sucre de France ;

ETIENNE MUNAUT, Agriculteur et Fabricant de sucre à Provins (Seine-et-Marne) ;

EMILE SAILLARD, Ingénieur-Agronome, Professeur à l'Ecole Nationale des Industries agricoles ; Directeur du Laboratoire du Syndicat des Fabricants de sucre de France.

Date de l'enquête : août-septembre 1911

RAPPORTEUR : M. EMILE SAILLARD

INTRODUCTION

La production sucrière russe a fait, en 1911, un brusque saut en avant. De 1.200.000 tonnes qu'elle était en 1908 et 1909, elle est passée subitement à 2.100.000 tonnes, trompant ainsi les prévisions les plus optimistes.

N'y avait-il là qu'un simple concours de conditions climatologiques favorables ou bien ce résultat était-il dû aussi à des progrès qui auraient été réalisés dans l'exploitation du sol et dans la culture de la betterave à sucre ?

La question intéressait au premier chef les fabricants français. C'est pourquoi le Syndicat des Fabricants de sucre de France a nommé une Commission pour aller faire, sur place, une enquête comme celle que nous avions faite, en 1910, en Allemagne, en Autriche-Hongrie et en Belgique.

Cette première question en soulevait une autre.

Ne pourrait-on obtenir de l'Association des Fabricants de sucre russes qu'elle suive chaque année le développement de la récolte de la betterave, comme on le fait en France, en Belgique, en Allemagne, en Autriche ? Cela éviterait des surprises au moment des arrachages.

Le voyage que M. Domergue et moi avons fait à Kiew, au mois d'avril 1911, avait donc pour but de demander à l'Association des fabricants russes d'organiser un service de champs d'expériences qui renseignerait sur les variations de poids et de richesse de la betterave en août et septembre et de nous communiquer ses résultats en échange des nôtres. Il avait aussi pour but de solliciter le concours de l'Association russe pour l'enquête agricole qui intéressait les fabricants français.

Nous avons rencontré à Kiew l'accueil le plus empressé : l'Association russe s'est déclarée prête à donner son concours à l'œuvre de statistique qui se poursuit depuis quelques années dans d'autres pays et, de fait, elle nous a envoyé, chaque quinzaine, en août et septembre derniers, le poids et la richesse des betteraves d'un grand nombre de champs d'expériences.

L'Association russe, avec une prévenante amabilité, a bien voulu aussi se charger de préparer l'itinéraire de notre voyage d'enquête et de demander aux propriétaires de domaines ou de fabriques de sucre les autorisations nécessaires.

Il avait d'abord été décidé que le voyage aurait lieu à la fin de juin et toutes les dispositions avaient été prises en conséquence. Au dernier moment, quelques membres du Syndicat français ont fait observer qu'il vaudrait mieux en reporter la date à la fin d'août, de façon à pouvoir, en même temps, faire l'enquête demandée et voir la récolte de betteraves aux approches de l'arrachage.

Ce dernier avis a prévalu ; mais il a obligé nos correspondants de Russie à contremander les visites annoncées pour le mois de juin et à refaire, pour le mois d'août, un nouveau plan de voyage.

La Commission française, composée de MM. Brabant, Louis Bernot, Etienne Munaut et Saillard, est donc partie de Paris le 22 août ; l'enquête a duré environ trois semaines.

*
* *

A Varsovie, nous avons été accueillis fort aimablement par MM. Natanson frères, par M. Tolloczko et M. Rutkowsky.

M. Joseph Natanson, délégué adjoint à la Commission permanente de Bruxelles, s'est multiplié pour que nous puissions visiter des fermes intéressantes en Pologne. Il nous a, en outre, donné des renseignements fort précieux sur l'agriculture polonaise, sur l'état de la récolte de betteraves dans les différents pays européens, etc. Au cours de nos visites en Pologne, nous avons été accompagnés par M. Rutkowsky ou par M. Krysinski.

A Kiew, qui a été notre deuxième centre d'excursion, nous avons été accueillis amicalement par M. Fischmann, délégué adjoint à la Commission permanente de Bruxelles, qui nous a fourni de nombreuses données sur l'agriculture et les statistiques russes, sur les prévisions de récolte ; par M. Schoultz-Moreau, administrateur de l'Association russe, et son collaborateur, M. Fudakowsky, qui avaient préparé notre voyage et qui se sont employés de leur mieux à faciliter notre tâche. M. Fudakowsky nous a accompagné constamment au cours de nos visites dans la région du Sud-Ouest et de l'Outre-Dniéper ; il a été, pour nous, un cicerone très averti, en même temps qu'un interprète toujours en éveil.

Dans les milieux cultivés de Russie et de Pologne, on parle le français avec la même perfection que s'il s'agissait d'une langue maternelle et cela nous a été fort utile au cours de l'enquête. Il faut dire cependant qu'avec le français et l'allemand on ne peut voyager facilement en Russie et en Pologne, surtout dans les campagnes.

A tous ceux qui, soit à Varsovie, soit à Kiew, nous ont prêté un concours si aimable, nous tenons à adresser nos plus vifs remerciements.

*
* *

Nous avons visité quatre domaines en Pologne et cinq dans les régions du Sud-Ouest et de l'Outre-Dniéper.

En ce qui concerne l'étendue des domaines betteraviers, on ne peut guère comparer la Russie à la France. Alors que chez nous les domaines de 1.000 hectares sont considérés comme très grands et représentent des exceptions, on ne les regarde là-bas que comme de petites exploitations. Et, de fait, parmi les propriétés que nous avons visitées, il y en a qui ont 5.000, 12.000, 25.000 et même 120.000 hectares de superficie. Une propriété de 120.000 hectares est l'équivalente d'un carré d'environ 35 kilomètres de côté : c'est à peu près l'étendue de certains arrondissements français.

Naturellement, ces grandes propriétés sont divisées en un certain nombre de fermes ; mais il y a une direction et une administration centrales qui coordonnent tous les efforts.

Dans tous les domaines, on nous a conduits en voiture ou en automobile à travers champs et fermes : nous avons vu les récoltes, les bâtiments de ferme, les animaux, les machines agricoles ; nous avons assisté à des façons culturales : gros labour, déchaumage, semaille, hersage, etc. Partout on nous a donné avec une entière bonne grâce les renseignements que nous avons demandés ; partout nous avons été accueillis très amicalement et on nous a donné une hospitalité large et généreuse.

Il nous aurait été agréable de citer ici les noms des domaines où nous avons été reçus avec tant d'amabilité ; mais nous nous faisons un scrupule de livrer à la publicité, avec leurs lieux d'origine, les renseignements qui nous ont été donnés.

Nous nous contentons d'exprimer aux propriétaires et à leurs représentants nos sentiments de vive gratitude. Nous ajoutons qu'au cours des visites notre attention a été toujours tenue en éveil par des choses intéressantes et que nous avons été frappés de voir la bonne organisation qui réunit les fermes d'un même domaine et la grande perfection avec laquelle sont effectuées les façons culturales.

Il est vrai que tous les domaines visités comptent parmi les mieux exploités du pays ; ils montrent néanmoins ce qu'on peut obtenir, ce qu'on a déjà obtenu, avec les terres du tchernozème et les terres de Pologne. L'exemple sera suivi peu à peu.

*
* *

Les conditions de climat, de sol dans lesquelles se trouve la Russie betteravière diffèrent beaucoup de celles qu'on rencontre en France.

On ne peut donc faire que des comparaisons entre les modes d'exploitation et de culture suivis dans les deux pays ; mais il serait imprudent de vouloir tirer des conclusions.

Les comparaisons sont néanmoins instructives ; elles mettent en évidence certains principes qui sont toujours vrais, quel que soit le pays où on les considère ; elles font ressortir le rôle bienfaisant ou nuisible de certaines pratiques culturales, quand on les regarde dans des cadres différents ; tel facteur auquel on n'attache que peu d'importance dans telle ou telle région met son rôle en vedette dans telle ou telle autre région où les conditions lui sont plus favorables, etc.

En matière de culture, la vérité en deçà est souvent de l'erreur au delà ; mais en comparant, on arrive plus facilement aux généralisations utiles.

C'est ainsi que partout, en Autriche, en Allemagne, en Russie, on considère le fumier comme le roi des engrais et les engrais chimiques, comme un appoint du fumier ; dans les trois pays, on tient à combiner, pour la betterave, l'emploi de fumier très fait avec le labour profond effectué de bonne heure à l'automne ; dans les trois pays, on cherche à obtenir que la couche retournée par la charrue constitue, après les gelées et les intempéries de l'hiver, une masse aussi homogène que possible comme tassement ou comme ameublissement, etc.

La Russie nous donne aussi un autre enseignement : elle montre comment on peut, par les assolements, par les façons aratoires, etc., se défendre contre la pénurie des pluies et agir sur le régime de l'eau dans le sol ; elle montre aussi, et d'une façon bien plus saisissante que partout ailleurs, que le travail de la terre, tout en détruisant les mauvaises herbes, tout en facilitant l'accès de l'air, de la chaleur dans le sol, contribue, dans une large mesure, à mettre aussi régulièrement que possible de l'eau à la disposition des plantes.

J'ai tenu à rapprocher ces faits pour montrer que notre enquête a non seulement son utilité au point de vue des statistiques ; elle apporte aussi des données qui, en corroborant celles de 1910, précisent mieux la route à suivre.

C'est pour nous un plaisir de renouveler ici à l'Association des Fabricants de sucre russes et à son distingué président, le comte Bobrinsky, nos remerciements pour l'aide obligeante qu'ils nous ont prêtée au sujet de notre enquête.

J'ai encore d'autres concours à mentionner. En dehors des renseignements de statistique que MM. Schoultz-Moreau et Fudakowsky nous ont fournis, M. Frankfourth, directeur de l'Institut des recherches agricoles, m'a donné les résultats de bon nombre de ses essais culturaux et une magnifique carte agrologique de la Russie, qui a été dressée par le Ministère de l'Agriculture russe.

Enfin, M. Joseph Natanson (Varsovie), qui connaît à merveille les conditions et l'agriculture russe et polonaise, a bien voulu lire l'épreuve de mon rapport et m'indiquer les points qui pouvaient être modifiés ou complétés.

Je leur en exprime toute ma reconnaissance.

Une dernière observation doit être faite, qui a son intérêt.

Dans tous les domaines que nous avons visités, nous avons rencontré des intendants, directeurs de fermes, directeurs d'usines, qui témoignaient d'une instruction générale et d'une instruction professionnelle très étendues.

Les fils de propriétaires eux-mêmes fréquentent les écoles supérieures professionnelles, font des stages dans la pratique et se préparent à être des chefs d'exploitation éclairés.

N'y a-t-il pas là un signe certain que l'agriculture russe ne pourra que progresser en s'aidant des méthodes scientifiques?

Emile SAILLARD,

Rapporteur de la Commission.

Paris, janvier 1912.

Mesures russes :

1 verste = 1.067 mètres.	1 poud = 16 kgs 38.
1 sagène = 2 mètres 13.	1 berkowetz = 12 pouds.
1 verchoc = 0 m. 0444.	1 rouble = 2 fr. 65.
1 déciatine = 109 ares 25.	1 copec = 2 centimes 65.

PREMIÈRE PARTIE

Données Générales

OBSERVATIONS PRELIMINAIRES

Il nous semble utile de rappeler quelques données historiques qui se rapportent à la Pologne. Cela permettra d'expliquer certaines différences que nous aurons à signaler entre la Russie proprement dite et la Pologne, relativement au régime de la propriété, à la main-d'œuvre, etc.

L'ancien royaume de Pologne a été l'objet de trois partages successifs entre la Prusse, la Russie et l'Autriche : le premier, en 1773 ; le deuxième, en 1793, et le troisième en 1795.

Avant le premier partage, la Pologne s'étendait de la Posnanie (incluse) au Dnieper et touchait à la Baltique par Dantzig et Libau. Elle comprenait la Posnanie, la Galicie, la Podolie, la Volhynie, l'Ukraine (moins Kiew), etc.

Par le partage de 1795, la Russie recevait la Podolie, la Volhynie, l'Ukraine, etc. Varsovie, Dantzig, Posen passaient à la Prusse ; Cracovie, Lublin, Lemberg, etc., à l'Autriche.

Par les traités de 1815, la carte de la Pologne a été encore remaniée. La Podolie, l'Ukraine, la Volhynie, sont restées à l'empire russe. Ils en ont pris peu à peu la législation, les institutions sociales, etc., etc. Ces mêmes traités de 1815 constituaient le royaume de Pologne, tel qu'il est encore délimité aujourd'hui en Russie. Il s'étend d'Alexandrowo à Brest et va dans le Nord jusqu'au Niémen, sans atteindre la Baltique : il comprend donc Varsovie, Lublin, etc.

Il a conservé beaucoup de ses institutions, qui ressemblent d'ailleurs aux institutions de l'Europe occidentale : la ville de Varsovie a le cachet des capitales occidentales, quoiqu'on y voie maintenant quelques monuments de style byzantin.

Les Polonais parlent la langue polonaise, pratiquent généralement la religion catholique, etc. Cependant, à Varsovie, il y a beaucoup d'israélites.

Le tsar publie ses ukases sous les noms d'empereur et autocrate de toutes les Russies, tsar à Moscou, Kiew, Vladimir, etc., de Pologne, de Sibérie, etc.

Il faut noter que les fabricants polonais, tout en faisant généralement partie de l'Association centrale des fabricants de sucre russes, qui a son siège à Kiew, forment aussi entre eux une Association professionnelle qui a son siège à Varsovie et qui s'occupe des intérêts particuliers des fabricants polonais. Cette Association publie une revue sucrière, en langue polonaise, a son laboratoire social, etc.

En ce qui concerne la situation géographique et les questions de statistique, nous envisagerons souvent la Russie sucrière dans son ensemble, mais pour les questions de culture, de main-d'œuvre, de régime de la propriété, etc., nous aurons souvent aussi à considérer la Pologne, à part.

SITUATION GEOGRAPHIQUE DE LA RUSSIE BETTERAVIERE

La Russie sucrière est comprise entre le 54ᵉ et le 48ᵉ degré de latitude et entre le 19ᵉ et le 38ᵉ degré de longitude. De l'ouest à l'est, elle s'étend, avec quelques solutions de continuité, sur une longueur d'environ 2.200 kilomètres.

Kiew, qui est en quelque sorte la capitale de l'industrie sucrière russe, se trouve à peu près sur le même degré de latitude que Liége et Bruxelles, et Varsovie, sur le même degré que Amsterdam.

C'est à Kiew que se trouve le siège social de l'Association centrale des Fabricants de sucre russes. C'est là que celle-ci tient son Assemblée générale et son Congrès annuels. Ces réunions ont généralement lieu en février ou mars, c'est-à-dire au moment de la période dite des « contrats ».

Il ne faudrait pas attribuer au mot « contrat », le sens que nous lui donnons en France. Il ne s'agit pas, en effet, de contrats ou marchés de betteraves.Il s'agit plutôt de contrats à passer pour les fournitures de charbon, de pierre à chaux, de coke ou d'arrangements à prendre avec les maisons de construction pour telle ou telle transformation à faire en usine, telle ou telle machine, tel ou tel procédé à installer, etc. Depuis que les moyens de communication sont devenus plus faciles, la période des contrats a perdu beaucoup de son importance pratique.

Disons aussi que c'est à Kiew que se trouve le laboratoire de recherches et que se publie la revue économique et scientifique de l'Association centrale.

La Russie sucrière est limitée à l'ouest par l'Allemagne, au sud-ouest et au sud par l'Autriche-Hongrie, la Moldavie et la région de la mer Noire ; elle s'étend vers le nord-ouest jusque dans les environs de Moscou. Elle est traversée par la Vistule qui passe à Varsovie (royaume de Pologne), et se jette dans la Baltique, par le Dniéper qui passe à Kiew et se jette dans la mer Noire, par le Don qui se jette dans la mer d'Azow.

On y distingue généralement quatre régions :

1º *Le royaume de Pologne* qui occupe l'ouest ; il possède 49 fabriques ;

2º *La région du Sud-Ouest* (qui se trouve placée entre le Dniéper d'une part, et la frontière d'Autriche-Hongrie, la Moldavie et la

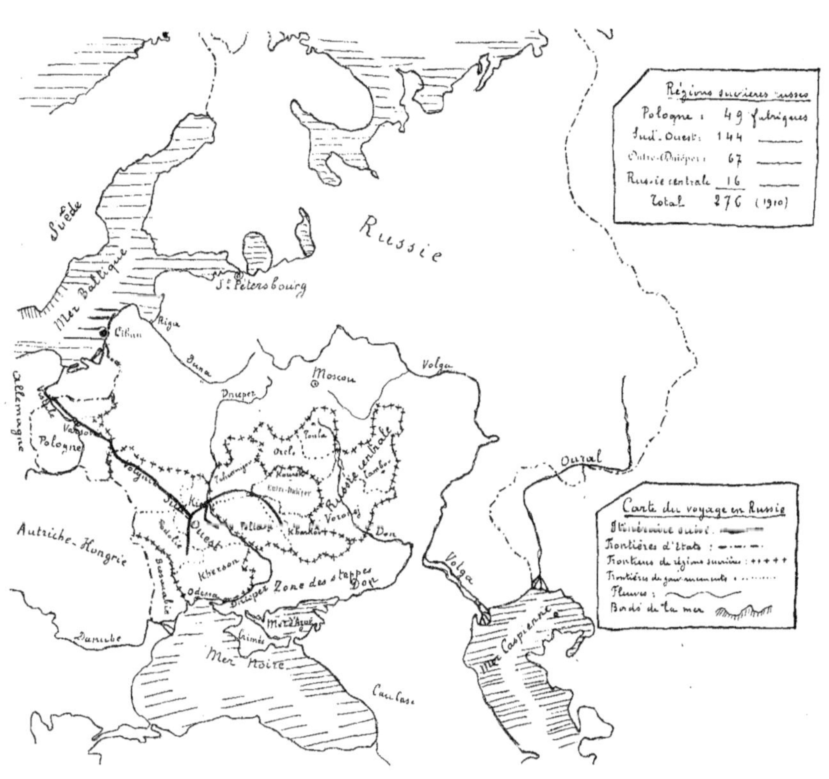
Suède
Mer Baltique
St Petersbourg
Russie
Riga
Libau
Duna
Dnieper
Moscou
Volga
Allemagne
Pologne
Varsovie
Orel
Toula
Oural
Russie centrale
Tamb.
Koursk
Kiev
Koul-Deltiev
Sud-Ouest
Voronej
Autriche-Hongrie
Podolie
Kharkov
Don
Kherson
Odessa
Dnieper
Zone des steppes
Don
Volga
Danube
Mer d'Azov
Crimée
Caspienne
Mer Noire
Caucase

Régions sucrières russes
Pologne :   49 fabriques
Sud-Ouest :   144 _____
Outre-Dnieper : 67 _____
Russie centrale   16 _____
Total   276 (1910)

Carte du voyage en Russie
Itinéraire suivi :
Frontières d'États : _ . _ . _
Frontières de régions sucrières : + + + +
Frontières de gouvernements : . . . . . .
Fleuves :
Bords de la mer

région de la Mer noire, d'autre part). C'est de beaucoup la plus importante. Elle compte 144 fabriques de sucre ; ·

3° *La région Outre-Dniéper* où se trouvent 67 fabriques ;

4° Enfin, la *Russie Centrale* qui continue vers le nord-est la région d'Outre-Dniéper. Elle compte 16 fabriques.

Sans vouloir indiquer tous les gouvernements administratifs qui s'y trouvent, nous dirons simplement que les gouvernements de Kiew, de Podolie, de Bessarabie, se trouvent dans la région du *Sud-Ouest* ; les gouvernements de Kharkow, de Poltava, de Koursk, dans la région *Outre-Dniéper*, et enfin les gouvernements d'Orel, de Voronège dans la *Russie Centrale*.

Les deux ports qui sont le plus souvent utilisés par l'industrie sucrière russe sont le port de Libau, sur la Baltique, et le port d'Odessa, sur la mer Noire.

La région betteravière russe est parcourue par deux lignes principales de chemins de fer ; la ligne d'Alexandrowo à Kiew qui passe par Varsovie et Kazatine, et la ligne d'Odessa à Moscou qui passe par Kazatine et Kiew.

D'une manière générale on peut dire que tous les trains russes, voire même les rapides et les express, se déplacent très lentement.

C'est ainsi qu'il faut dix-huit heures d'express pour parcourir la distance qui sépare Kiew de Varsovie, et cette distance n'est que de 860 kilomètres. Cela représente donc une vitesse moyenne de 48 kilomètres à l'heure.

La faible vitesse des trains russes semble d'autant moins explicable que la région sucrière est plate ou ne comporte que de faibles ondulations de terrain.

A cela on peut répondre que les voies sont plus larges et les voitures plus lourdes (à longueur égale) qu'en France. Au surplus les rails manquent de force et ils supporteraient difficilement des trains se déplaçant à grande allure.

Nous sommes arrivés en Russie, par la ligne Berlin-Varsovie, puis nous nous sommes rendus à Kiew et de là, nous avons rayonné dans les régions de l'Outre-Dniéper et du Sud-Ouest. Faute de temps nous n'avons pu aller dans la « Russie centrale » : cette région, très vaste, ne compte d'ailleurs que 16 fabriques de sucre.

Nous avons visité quatre domaines en Pologne et cinq domaines dans les deux autres régions. Ces domaines, qui sont composés de plusieurs fermes, ont des étendues variant entre 600 hectares et 110.000 hectares.

STATISTIQUES

D'après les statistiques européennes des dix dernières années (1899-1900) la Russie vient en sixième rang pour la production du sucre par hectare et en quatrième rang pour la production du sucre.

brut par 100 kilog. de betteraves. (Il ne s'agit ici que des pays sucriers les plus importants.)

Le tableau suivant dressé par M. Sachs en fait foi :

	Superficie ensemencée en 1908-09 (en hectares)	Nombre des usines en 1908-09	Tonnes de sucre brut produites en 1908-09	Travail moyen de chaque usine en 1908-09 (chiffre rond en sacs)	Kilog. de betteraves récoltés par hect. Moyennes de 10 ans 1899-1909 (en kilog.)	Sucre brut extrait par 100 kilog. de betteraves Moyennes de 10 ans 1899-1909 (en kilog.)	Sucre brut extrait par hectare Moyennes de 10 ans 1899-1909 (en kilog.)
France.......	214.780	251	775.100	31.000	28.181	12,84	3.611
Allemagne...	434.886	358	2.080.000	58.000	29.670	15,49	4.577
Aut.-Hongr..	330.230	204	1.390.000	68.000	24.206	15,02	3.638
Belgique......	57.250	81	257.000	32.000	30.340	13,97	4.228
Hollande	48.450	27	211.500	78.000	26.499	14,47	3.830
Russie......	556.200	277	1.262.250	45.000	14.465	14,00	2.025

A cause des conditions climatologiques qui ont été particulièrement favorables en Russie, la production de ce pays en 1910 et 1911 s'est élevée respectivement à 2.100.000 tonnes et 2.026.000 tonnes de sucre. La Russie a même été en 1911 le plus gros pays producteur de sucre en Europe.

*
* *

Il est intéressant de suivre le développement de l'industrie sucrière russe, à partir de 1881-1882. Le graphique suivant qui nous a été remis par l'Association des Fabricants russes le montre d'une façon très claire. Nous y joignons d'ailleurs un tableau des emblavements et des rendements de 1900 à 1910.

RUSSIE. — *Production (d'après la Sucrerie Belge)* :

CAMPAGNES	Nombre de fabriques	Culture de betteraves (hect.)	Récolte de betteraves en millions de kgs	Récolte de betteraves par hectare kgs	PRODUCTION DE SUCRE		
					brut	par 100 kil. bet.	par hectare kgs
1901-02.....	274	545.150	6.406	11.750	893.500	13,95	1.639
1900-01.....	278	579.240	8.197	14.150	1.076.250	13,13	1.858
1902-03.....	277	597.732	8.853	14.810	1.169.600	13,21	1.956
1903-04.....	275	535.100	7.705	14.400	1.160.660	15,06	2.169
1904-05.....	276	470.099	6.444	13.715	930.600	14,44	1.979
1905-06.....	277	526.204	7.713	14.650	968.500	12,56	1.840
1906-07.....	281	568.547	10.141	17.840	1.433.900	14.14	2.522
1907-08.....	277	621.130	8.594	13.830	1.403.400	16,33	2.259
1908-09.....	277	556.150	8.185	14.710	1.240.300	15,15	2.229
1909-10.....	276	556.150	6.889	12.390	1.144.150	16,61	2.058
1910-11.....	276	667.400	13.083	19.600	2.108.760	16,11	3.159

A regarder le graphique et le tableau qui précèdent, on voit que
l'industrie sucrière russe est restée presque stationnaire de 1881 à

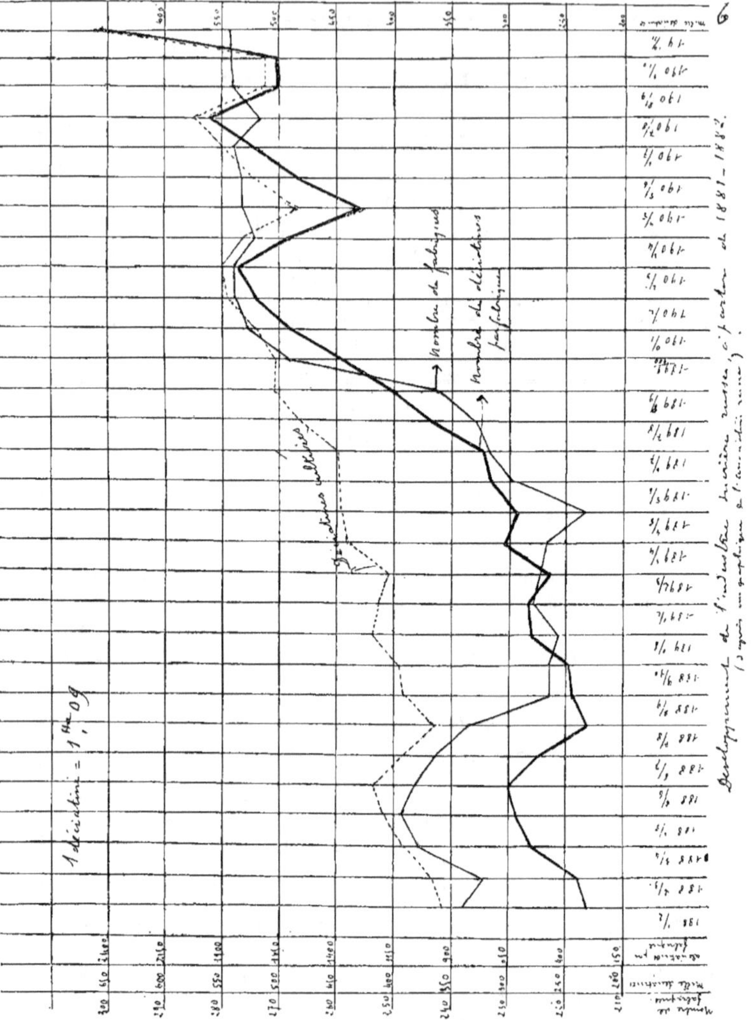

1894-1895. Elle s'est développée très rapidement à partir de 1896-1897.
Dans les deux dernières années, elle a fait, en outre, un brusque saut
en avant qui est dû à l'augmentation des emblavements et surtout à
l'abondance exceptionnelle des récoltes.

Ce qu'il faut noter également, c'est que le nombre des usines est resté à peu près le même de 1900 à 1910, de même d'ailleurs que le nombre d'hectares ensemencés.

Au cours des deux dernières années, les emblavements sont passés de 556.000 déciatines à 667.000 hectares (1910), puis à 787.000 hectares (1911). Il en résulte que le travail journalier des usines a été porté à son maximum et que la durée de la campagne a été plus longue qu'à l'ordinaire. Il y a maintenant 280 fabriques.

Il peut être intéressant de jeter un coup d'œil sur le développement qu'a pris l'industrie sucrière depuis 1881 dans chacune des quatre régions sucrières de la Russie.

Le tableau suivant donne quelques indications à ce sujet :

	POLOGNE		SUD-OUEST		OUTRE-DNIÉPER		RUSSIE CENTRALE	
ANNÉES	Hectares ense-mencés	Nombre d'Usines	Hectares ense-mencés	Nombre d'Usines	Hectares ense-mencés	Nombre d'Usines	Hectares ense-mencés	Nombre d'Usines
1881-1882......	33.000	38	141.000	127	50.000	51	14.000	15
1888-1889......	33.000	38	147.000	112	65.000	52	14.000	14
1898-1899......	51.000	43	253.000	126	112.000	55	17.000	12
1908-1909......	56.000	50	314.397	142	158.777	72	21.000	14
1909-1910......	58.082	50	309.728	142	163.236	69	24.081	12
1910-1911......	61.420	49	386.872	143	192.180	70	25.704	13

****

Parmi les betteraves qui alimentent les fabriques de sucre, il y en a qui sont produites par les propriétaires des usines, d'autres, par des agriculteurs non fabricants et enfin d'autres, par des paysans (1).

Voici la proportion des unes et des autres pour chacune des régions sucrières et pour les trois dernières années :

HECTARES	1908-09				1909-10				1910-11			
	Polog. %	S.-O. %	O.-Dn. %	R.cent. %	Polog. %	S.-O. %	O.-Dn. %	R.cent. %	Polog. %	S.-O. %	O.-Dn. %	R.cent %
Fabriques....	3.1	25.8	54.1	57.1	2.5	25.8	53.1	54.8	3.7	24.6	51.2	61.3
Agriculteurs.	59	51.8	30.2	25.9	64	51.3	30.9	30.6	60.2	52.8	32.9	29.7
Paysans.......	37.9	22.4	15.7	17	33.5	22.9	16	14.6	36.1	22.6	15.9	9

(1) Voir page 30 ce qui a trait aux paysans.

Cela fait comme moyenne pour les trois années en question :

	Pologne	Sud-Ouest	Outre-Dniéper	Rus. centr.
Hect. des fabriq. de sucre.	3.1 %	25.4 %	52.8 %	57.7 %
Hect. des agriculteurs,...	61.1 %	51.9 %	31.3 %	28.7 %
Hect. des paysans.........	35.8 %	22.6 %	15.8 %	13.5 %

Une observation d'ensemble se dégage tout de suite de ces chiffres ; à mesure qu'on avance vers l'Est, en partant de la Pologne, la proportion d'hectares ensemencés (par rapport aux emblavements totaux) par les planteurs non fabricants et surtout par les paysans va en diminuant, alors que la proportion d'hectares ensemencés par les fabriques va en augmentant.

Peut-être l'état de division de la propriété joue-t-il un rôle en l'occurrence. En Pologne, il y a, il est vrai, de grandes propriétés : mais il y en a encore de plus grandes dans les régions du Sud-Ouest de l'Outre-Dniéper et dans la Russie Centrale. C'est ainsi que dans les gouvernements de Kiew et de Kharkow nous avons visité des domaines de 12.000, 15.000 et même 120.000 hectares.

De tels domaines sont suffisants pour alimenter une ou plusieurs fabriques de sucre, d'autant plus qu'ils ne produisent pas uniquement des betteraves sur les terres qui leur appartiennent ; souvent ils louent des terres pour une année à seule fin d'y cultiver de la betterave.

Il faut noter que les grands propriétaires, qu'ils soient fabricants ou non, obtiennent de meilleurs rendements que les paysans. Les chiffres suivants renseignent à ce sujet. Ils se rapportent à l'hectare de betteraves :

	1904	1905	1906	1907	1908
	kilogs	kilogs	kilogs	kilogs	kilogs
Terres des fabriques et des agriculteurs	16.301	16.580	20.500	16.100	17.460
Terres des paysans...........	12.267	13.690	14.760	12.050	11.900

D'après des observations qui nous ont été faites, il est assez difficile de connaître exactement le nombre d'hectares de betteraves que cultive chaque paysan, mais les chiffres qui précèdent accusent des différences assez marquées, pour montrer que la betterave est mieux cultivée dans les grands domaines. Les paysans suivront peu à peu l'exemple et bien que leurs cultures ne représentent que 20 % environ des emblavements totaux, il faut s'attendre aussi, de leur côté, à une augmentation de production.

D'ailleurs, l'année 1910, avec sa grosse récolte, a apporté, aux fabricants et aux planteurs, de gros bénéfices auxquels on ne pouvait manquer de faire appel pour améliorer les conditions de la production de la betterave et on peut dire que l'année 1910 a été un gros stimulant pour la culture betteravière et l'industrie sucrière russes.

CONDITIONS CLIMATOLOGIQUES

C'est au Bureau Central Météorologique de Paris que nous avons obtenu les renseignements nécessaires pour établir l'état climatologique des régions sucrières que nous avons visitées. Nous en avons aussi recueilli quelques-uns auprès des agriculteurs qui nous ont reçus.

Les chiffres qui suivent se rapportent aux années 1901-1905, c'est-à-dire aux mêmes années que nous avions considérées pour l'Allemagne, l'Autriche et la Belgique. De cette façon, les comparaisons seront plus faciles.

a) *Pluie tombée*

		1901		1902		1903		1904		1905	
		Milli-mètres d'eau	Nombre de jours de pluie	Milli-mètres d'eau	Nombre de jours de pluie	Milli-mètres d'eau	Nombre de jours de pluie	Milli-mètres d'eau	Nombre de jours de pluie	Milli-mètres d'eau	Nombre de jours de pluie
VARSOVIE (Pologne)	Par an	633,9	176	522,4	180	653,1	189	402,4	146	676,7	189
	En 7 mois (avr. à oct.)	373,4	94	355,7	108	517,7	121	221,3	73	449,1	113
KIEW (Gouvernement de Kiew) Sud-Ouest	Par an	596,3	155	562,2	161	522,7	161	523,9	154	817	163
	En 7 mois (avr. à oct.)	402,5	82	465,8	98	402,4	89	278,0	87	617,6	93
GORODISTSCHE (Gouvernement de Kiew) Sud-Ouest	Par an	533,9	136	444,8	129	294,»	107	342,7	105	»	»
	En 7 mois (avr. à oct.)	364,8	66	360,5	84	239,4	76	272,5	70	»	»
NEMIROW (Gouvernement de Podolie) Sud-Ouest	Par an	534 »	136	497,7	133	372,5	143	368,7	118	481,8	135
	En 7 mois (avr. à oct.)	360,3	79	309,5	92	299,1	84	299,3	68	346,3	70
POLTAVA Outre-Dniéper	Par an	420,8	121	545,»	126	421,3	95	282,2	137	492,7	134
	En 7 mois (avr. à oct.)	249,9	54	431,0	76	333,2	63	166,9	64	423,7	76
SOUMY (Gouvernement de Kharkow) Outre-Dniéper	Par an	»	»	592,4	162	»	»	»	»	»	»
	En 7 mois (avr. à oct.)	409,8	67	471,3	99	»	»	»	»	»	»
KOURSK (O-Dniéper)	Par an	642,7	158	575,»	180	689,»	165	470	177	599	169
	En 7 mois (avr. à oct.)	421,0	65	448,4	108	533,7	95	289,5	91	415,3	94

e) *Limites des températures maxima, pour chaque mois, pendant les mois de juillet, d'août et de septembre*

	1901	1902	1903	1904	1905
Varsovie.................	$24°1$ à $31°2$	$27°8$ à $28°6$	$25°7$ à $28°3$	$23°2$ à $35°1$	$27°2$ à $35°$
Kiew.................	$22°6$ à $33°2$	$28°$ à $30°8$	$30°3$ à $33°9$	$23°6$ à $32°$	$29°3$ à $33°7$
Gorodistsche.................	$23°$ à $33°$	$31°4$ à $34°1$	$30°6$ à $36°$	$24°4$ à $33°7$	»
Nemirow.................	$22°$ à $31°6$	$30°6$ à $31°6$	$29°1$ à $34°3$	$25°3$ à $32°$	$31°5$ à $36°4$
Poltava.................	$21°9$ à $35°9$	$27°4$ à $34°4$	$31°3$ à $36°6$	$26°7$ à $33°3$	$30°8$ à $34°3$
Soumy.................	$23°6$ à $35°2$	$25°5$ à $34°$	$28°2$ à $34°$	»	»
Koursk.................	$20°5$ à $32°2$	$23°3$ à $31°4$	$28°1$ à $32°5$	$22°7$ à $28°8$	$26°1$ à $31°5$

b) *Limites des températures minima pour chaque mois*
(de novembre à mars)

	1901	1902	1903	1904	1905
Varsovie .... (Pologne)	— 6°5 à — 20°1	— 6°1 à — 19°8	— 1°3 à — 17°3	— 8°2 à — 15°9	— 1°9 à — 21°5
Kiew (Gouv^t de Kiew)...	— 10°6 à — 21°	— 14°6 à — 25°6	— 4° à — 22°4	— 7°5 à — 24°5	— 2°3 à — 26°9
Gorodistsche (G^t de Kiew).	— 11°1 à — 17°2	— 14°6 à — 23°7	— 4°1 à — 23°2	— 7°5 à — 26°8	»
Nemirow (G^t de Podolie)	— 10°5 à — 23°4	— 14°5 à — 25°6	— 4°2 à — 22°1	— 8° à — 24°8	— 2°4 à — 21°3
Poltava .,...............	— 7°9 à — 23°	— 15°2 à — 26°5	— 9°9 à — 21°9	— 6° à — 24°7	— 2°7 à — 26°4
Soumy (G^t de Kharkow)	— 11°8 à — 23°3	— 18°1 à — 29°5	»	»	— 2°6 à — 29°2
Koursk	— 10°2 à — 25°8	— 20°1 à — 25°4	— 12° à — 24°	— 9°6 à — 27°5	— 5°6 à — 25°5

c) *Nombre de jours de gelée par an*

	1901	1902	1903	1904	1905
Varsovie...................... (Pologne)	106	128	86	111	105
Kiew...................... (Gouvernement de Kiew)	136	143	113	143	141
Gorodistsche.................. (Gouvernement de Kiew)	132	154	111	152	»
Nemirow.................. .... (Podolie)	146	163	114	155	135
Poltava......................	141	160	129	139	139
Soumy...................... (Kharkow)	155	167	»	»	»
Koursk..	163	171	141	166	157

Si on fait la moyenne des températures minima, correspondant à chaque année, pour les cinq mois (novembre à mars inclus) on arrive aux chiffres suivants que je mets en comparaison avec ceux qui se rapportent à l'Allemagne, à l'Autriche et à la Belgique :

Varsovie................ — 11°8	Cologne .... — 4°6
Kiew .... — 15°4	Hanovre .... — 7°4
Némirov .... — 15°1	Halle .... — 8°2
Poltava .... — 16°4	Magdebourg .... — 8°1
Koursk .... — 19°1	Rostock .... — 8°3
	Bromberg .... — 11°7
	Breslau .... — 9°9
	Brünn .... — 8°7
	Gembloux .... — 5°9
	Douai .... — 5°9
	Amiens .... — 5°9

Il est facile maintenant de caractériser, en quelques mots, les conditions climatologiques dans lesquelles se trouve la Russie sucrière.

La Pologne a un climat qui se rapproche de celui de l'Allemagne Centrale et Orientale : il y tombe 550 à 600 m/m. d'eau par an, dont 220 à 250 pendant la période de végétation (avril à octobre) ; les froids y sont très vifs en hiver (et vont jusqu'à — 20°, — 22°) et les chaleurs très intenses en été. Les vents desséchants ne s'y font guère sentir.

A mesure qu'on avance vers l'Est de la Russie, on constate de plus en plus les effets du climat continental ; les quantités de pluie tombées annuellement diminuent peu à peu et n'atteignent guère que 400 m/m. à 500 m/m.; dans le gouvernement de Kharkow les froids deviennent plus vifs et descendent jusqu'à — 29°, les jours de gelées plus nombreux et on a de plus en plus à redouter les vents desséchants des steppes (vents du Sud-Est et du Sud) qui, au printemps, soufflent quelquefois pendant trente ou quarante jours.

Ces conditions climatologiques spéciales ont forcément leur répercussion sur le mode de culture, adopté dans les fermes à betteraves.

Nous y reviendrons un peu plus loin.

TERRES

Au point de vue de la qualité des terres actuellement réservées à la betterave, on peut distinguer deux grandes parties en Russie : d'une part, la Pologne russe et d'autre part, la grande contrée du Dniéper et du Don. Elles se trouvent d'ailleurs séparées par le gouvernement de Volhynie qui, du côté nord-ouest, ne renferme pas de fabriques de sucre.

Ces deux contrées sucrières sont d'importance fort inégale, puisqu'en Pologne russe il y a 49 usines alors que dans le reste de la Russie il y en a 231.

Les terres de la Pologne russe ont beaucoup de caractères généraux communs avec celles de la Pologne allemande : ce sont des terres argilo-siliceuses ou des terres de limon plus ou moins sablonneuses ou plus ou moins argileuses. Elles sont relativement riches en humus et ont une couleur foncée, parfois même noire. Beaucoup reposent sur un sous-sol humide, qu'on draine ou qu'on a déjà drainé dans beaucoup d'endroits.

Les drains ordinaires sont placés de 1 m. 20 à 1 m. 60 de profondeur. On est amené à créer de véritables fossés qui servent pour l'écoulement des eaux de drains. Quand l'écartement des drains ordinaires est de 16 à 18 mètres ; la dépense par hectare atteint 400 à 600 francs.

Ainsi que je le disais dans mon rapport de l'année dernière (V. page 70), on fait des travaux analogues en Pologne allemande, mais sur des étendues beaucoup plus grandes. Les résultats obtenus sont partout excellents.

Si entre la frontière et Varsovie (entre Thorn et Varsovie) les terres polonaises sont plutôt légères, parce que sablonneuses, on trouve aussi dans le Sud, du côté de Lublin et de Hrubieszow, c'est-à-dire du côté de la Pologne autrichienne, des terres franches, profondes, très fertiles, qui conviennent admirablement pour la betterave à sucre. Dans cette région, les fabriques de sucre sont encore peu nombreuses, beaucoup moins nombreuses qu'entre Varsovie et la frontière ; mais les conditions du sol, du climat permettraient d'en installer de nouvelles et d'assurer leur approvisionnement.

Les trois autres régions betteravières de la Russie sont occupées presque partout par des terres noires qui constituent ce qu'on appelle couramment le tchernozème.

Le tchernozème se présente sous des couleurs différentes : noir, brun foncé, chocolat. Il forme généralement des sols profonds. De nombreuses expériences montrent qu'il a un grand pouvoir d'absorption pour l'eau. Dans l'un des domaines que nous avons visités on a creusé, dans un champ de tchernozème, un trou de 0 m. 80 à 1 m. de profondeur. La couleur était à peu près la même sur toute la hauteur (on remarquait cependant une teinte un peu plus foncée dans les couches superficielles). Le sous-sol qui n'a pas encore été retourné par la charrue possède une structure granuleuse ; si on en prend un morceau dans la main, il se divise, s'émiette sous la simple pression des doigts. Les labours, le poids des voitures produisent le même effet et, sous l'action de la sécheresse, les couches superficielles du sol deviennent poudreuses. On s'en aperçoit quand le vent souffle un peu fort ou quand des voitures passent sur une route non empierrée : on voit alors des tourbillons de poussière de terre se soulever et flotter dans l'air. Vient-il à pleuvoir ensuite ? La terre s'agglomère en une couche compacte qui laisse difficilement filtrer l'eau, surtout si la pluie tombe en fortes averses, et qui sous l'action de fortes chaleurs peut se transformer en croûte. Par ces simples explications, on voit que le tchernozème, pris dans son état naturel, avec sa structure granuleuse, se laisse plus facilement pénétrer, traverser par la pluie que les couches qui ont déjà été ameublies, divisées par les façons aratoires.

Il semble donc que la question du labour profond ne se présente pas de la même façon pour les terres du tchernozème et pour les terres ordinaires à betteraves.

Ainsi que nous l'avons dit plus haut (Voir Conditions climatologiques), la grande contrée betteravière du Dniéper-Don est souvent gênée dans sa production agricole par la pénurie des pluies et par les vents desséchants des steppes qui soufflent souvent en avril et mai. On cherche donc à conserver dans la couche arable le peu d'eau de pluie ou de neige qui lui arrive ou même à y attirer peu à peu l'eau qui a déjà pénétré dans les couches plus profondes. Par le labour profond, le tchernozème s'émiette, se divise et donne lieu, dans la couche attaquée par la charrue, à des canaux capillaires plus fins. L'eau du sous-sol n'en monte que plus rapidement vers la surface et la résistance à la sécheresse dure moins longtemps.

Avec un labour moins profond, le sous-sol s'approche plus des couches superficielles : grâce à sa structure granuleuse, l'eau qu'il contient monte plus lentement par capillarité et les betteraves qui y pénètrent pendant la végétation trouvent, plus régulièrement et plus longtemps, l'eau nécessaire à leur développement. Voilà pourquoi l'utilité des labours profonds, même quand ceux-ci sont faits en vue de la betterave, est encore discutée en Russie par quelques agronomes.

Il faut dire cependant que ces observations ne s'appliquent pas à toutes les années et que, dans la grande majorité des cas, le labour profond donne de bons résultats.

Comme les terres nues évaporent moins d'eau que les terres portant une récolte, la jachère apparaît ainsi comme un moyen de diminuer l'evaporation superficielle et, par conséquent, de maintenir plus d'humidité (de pluie ou de neige) dans les couches superficielles. C'est pour la même raison qu'on ne peut, dans ces régions, se livrer avec avantage à la production des engrais verts en culture dérobée.

Tout cela montre que, malgré le pouvoir d'absorption relativement élevé du tchernozème à l'égard de l'eau, on est obligé, pour atténuer les effets de la pénurie des pluies, d'avoir recours à des façons aratoires et à des assolements spéciaux.

Une question se pose maintenant : le tchernozème est-il riche en principes fertilisants ?

D'après les nombreuses analyses qui en ont été faites, on peut dire qu'il est relativement très riche en azote et en humus. C'est même à sa forte teneur en humus, qui est d'ailleurs variable d'une région à une autre, qu'il doit sa couleur noire et son coefficient d'absorption à l'égard de l'eau.

Généralement, les terres du tchernozème sont riches en potasse ; mais leur teneur en acide phosphorique ne présente rien d'extraordinaire.

A tout considérer, on se demande pourquoi elles peuvent donner de bonnes récoltes (pour le pays) pendant des années, sans recevoir de fumure et pourquoi quand elles paraissent épuisées, il suffit de quelques années de repos pour qu'elles recommencent à produire, sans fumure.

M. Grandeau croit avoir trouvé une explication à ce fait d'observation pratique. L'humus n'est pas directement assimilable par les plantes : mais il facilite l'absorption des matières minérales en se combinant avec elles. Ce même rôle est joué par le fumier quand la matière noire manque. Si la terre reste au repos, pendant plusieurs années, les réactions entre l'humus et les matières minérales du sol continuent à se produire et, au moment où on remet la terre en culture, la proportion de matières minérales prêtes à être assimilées est plus grande. Et voilà comment les terres du tchernozème donnent de meilleures récoltes que les autres de même richesse en principes fertilisants quand on les cultive sans fumier ni engrais chimiques. (Théorie de M. Grandeau.)

Nous croyons que le pouvoir d'absorption du tchernozème a l'égard de l'eau, la régularité avec laquelle il peut céder peu à peu de l'eau à la plante, jouent aussi leur rôle en l'occurrence. J'ai insisté sur ce point, l'année dernière : inutile d'y revenir.

En tout cas, ces terres noires prouvent une fois de plus, que l'humus a des propriétés précieuses et qu'il ne saurait être remplacé par les engrais chimiques. Et voilà pourquoi les systèmes de culture sans fumier ou avec emploi restreint de fumier conduisent forcément et à la longue, à une modification des propriétés physiques du sol et à des rendements de plus en plus faibles.

ASSOLEMENTS

Les assolements adoptés dans les fermes de la Pologne russe ressemblent beaucoup à ceux qui sont pratiqués dans la Pologne allemande ou dans les fermes allemandes ou autrichiennes. Ils dérivent de l'assolement quadriennal de Norfolk : 1° plantes sarclées ; 2° céréales ; 3° trèfle ; 4° céréales d'hiver. (Voir le rapport sur l'Allemagne, l'Autriche et la Belgique.)

Il ne faut d'ailleurs point s'en étonner. Les Polonais russes, fils d'agriculteurs, font généralement leur stage dans des fermes de la Pologne prussienne : et revenus chez eux ils en appliquent les mêmes méthodes de culture, la nature des terres étant sensiblement la même

Les betteraves et le blé viennent dans les meilleures terres, la pomme de terre et le seigle, dans les terres les plus légères. On a généralement beaucoup de bétail (bœufs, vaches ou moutons) et on produit relativement beaucoup de fumier. On a également recours aux engrais verts ; les engrais chimiques ne viennent que comme appoint à ces engrais organiques. On emploie de la chaux vive ou des écumes de carbonatation pour activer les réactions dans le sol.

Dans le reste de la Russie betteravière, c'est-à-dire dans la région du tchernozème, la rotation des cultures est toute différente et témoigne plutôt d'un régime de culture extensif. Elle est généralement la suivante :

1° Jachère ;
2° Blé ou seigle ;
3° Betteraves ;
4° Céréales de printemps.

Dans les régions où il tombe peu de pluie, il vaut mieux faire de la *jachère noire*, c'est-à-dire ne semer aucune plante fourragère dans le champ en jachère. Dans ce cas, on fait un labour pendant l'automne de l'année précédente et on donne plusieurs façons superficielles pendant l'année même, en ayant soin de ne pas les exécuter au moment des grandes chaleurs. Tout cela a pour résultat d'élargir les canaux capillaires de la couche arable, et par conséquent de diminuer l'évaporation superficielle.

Les paysans et souvent les grands propriétaires ne se contentent

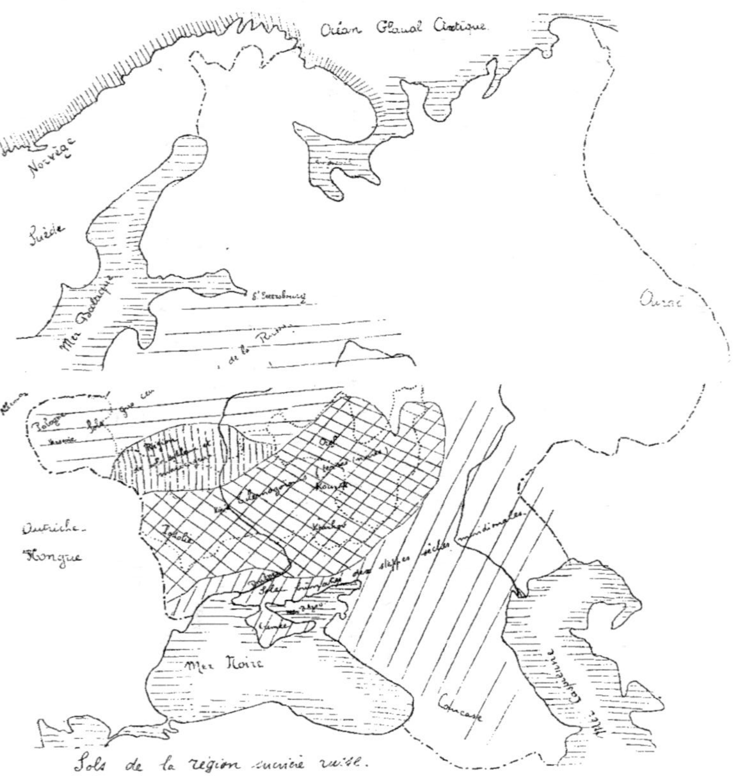

Sols de la région sucrière russe.

pas toujours de la *jachère noire* ; ils font de la *jachère verte*. Tantôt on laisse le champ se couvrir d'herbe et le bétail va y pâturer au moment favorable : tantôt on y sème une plante fourragère telle que la vesce, le pois.

Souvent au cours de nos visites, nous avons vu des troupeaux de bœufs, de moutons ou de porcs, paître sur les jachères ou les chaumes.

L'assolement qui vient d'être indiqué est l'assolement type ; on y fait souvent de petites modifications et on arrive à des variantes qui ne modifient en rien les principes directeurs qui servent de point de départ : il est bon de citer quelques exemples pour fixer les idées.

Dans une ferme de Podolie, on pratique l'assolement suivant :

1 Jachère ;
2 Froment ;
3 Betteraves :
4 Avoine avec trèfle sur la moitié de la sole ;
5 1/2 trèfle, 1/2 haricot ;
6 Jachère ;
7 Blé ;
8 Betteraves ;
9 Orge.

Dans un domaine du gouvernement de Kiew, on a un assolement qui présente de légères variations, d'une ferme à l'autre (du même domaine) : la betterave vient tantôt après la jachère, tantôt après le blé qui suit la jachère. Toujours le fumier est appliqué sur la jachère.

Voici quelques exemples :

a) 1 Jachère ;
2 Blé d'hiver avec fumier ;
3 Betteraves ;
4 Mélange (vesces et avoine) ;
5 Céréales d'hiver ;
6 Jachère ;
7 Betteraves avec fumier ;
8 Céréales de printemps.

b) 1 Jachère ;
2 Blé avec fumier ;
3 Betteraves ;
4 Avoine fauchée ;
5 Blé ;
6 Jachère ;
7 Betteraves avec fumier ;
8 Avoine ;
9 Jachère ;
10 Blé avec fumier ;
11 Betteraves ;
12 Millet.

c) 1 Jachère ;
2 Blé avec fumier ;
3 Betteraves ;
4 Céréales de printemps ;
5 Jachère ;
6 Betterave avec fumier ;
7 Mélange (vesces et pois) ;
8 Blé de printemps ;
9 Jachère noire ;
10 Betteraves avec fumier ;
11 Blé de printemps.

Dans un autre domaine du gouvernement de Kiew, l'assolement adopté est généralement le suivant :

1 Jachère ;
2 Blé avec fumier ;
3 Betteraves ;
4 Céréales de printemps ;
5 Esparcette ;
6 Demi-jachère et pature d'esparcette ;
7 Blé d'hiver ;
8 Betteraves avec fumier ;
9 Pois , vesces ou fèves ;
10 Blé d'hiver.

Voici l'assolement qui est pratiqué dans plusieurs fermes d'un domaine du gouvernement de Kharkow :

1 Jachère ;	5 Jachère ;
2 Blé ou seigle ;	6 Betteraves ;
3 Betteraves ;	7 Avoine ou blé de printemps.
4 Avoine ou blé de printemps ;	

Enfin, on donne l'assolement suivant comme pouvant être avantageusement pratiqué :

1 Jachère ;	6 Seigle ;
2 Blé d'hiver ;	7 Tournesol ou colza :
3 Betteraves ou pommes de terre ;	8 Avoine ;
4 Avoine ou millet ;	8e à 11e année : luzerne, sainfoin ;
5 Jachère ;	12e : Blé de printemps ou millet.

Il est inutile de multiplier les exemples. On voit qu'ils ne sont que des variantes du même assolement-type. On peut d'ailleurs en trouver d'autres dans les monographies qui forment la deuxième partie de ce rapport.

Disons tout de suite que la betterave qui vient directement sur jachère, fumée pendant l'été, donne généralement plus de poids et moins de richesse que la betterave qui vient sur blé ayant reçu du fumier ; mais la quantité de sucre produite par hectare est à peu près la même dans les deux cas.

Il est à noter également que les domaines où on cultive la betterave ont relativement peu de cultures fourragères et peu de prairies. Elles ne trouvent pas grand avantage à engraisser du bétail. Quelquefois même l'engraissement se chiffre par des pertes, peut-être parce que d'autres régions de la Russie disposent de pâtures très étendues et peuvent faire de l'élevage et de l'engraissement dans de meilleures conditions.

Cependant les fermes à betteraves tiennent à produire du fumier. Elles estiment que c'est le meilleur engrais et qu'il est indispensable pour entretenir les propriétés physiques du sol.

ANIMAUX ET BÉTAIL

Les domaines que nous avons visités possèdent environ 15 à 20 animaux de trait par 100 hectares cultivés. Pour les travaux des champs, on emploie des bœufs ou des chevaux.

La Russie betteravière est si étendue qu'on ne peut fixer par un chiffre unique la valeur des bœufs adultes avant et après l'engraissement.

Nous voulons cependant citer un exemple qui se rapporte à un domaine du gouvernement de Kharkow. Les bœufs de trait qu'on y emploie appartiennent à la race des steppes. Ils portent de grandes cornes, ont de fortes épaules et peu de culotte. Ils sont de couleur souris.

Le poids moyen des bœufs au commencement de l'engraissement (moyenne de 10 années 1898-1908) a été de 528 kilogs et la valeur en argent, de 196 francs.

L'engraissement a duré 134 jours pendant lesquels le poids des bœufs est passé à 645 kilogs, accusant ainsi une augmentation de 117 kilogs.

L'engraissement a coûté, par animal, 108 fr. 80. Le prix de revient, par bœuf, y compris le prix d'achat a donc été de 304 fr. 75.

Comme le prix de vente s'est élevé à 308 fr. 40, on a fait en moyenne, un bénéfice de 3 fr. 47 par bœuf, ce qui est bien peu de chose ; mais on a le fumier pour rien.

Il faut dire que, pendant cette même période, il y a des années où on a gagné de l'argent à faire de l'engraissement et d'autres, où on en a perdu. Pendant les trois dernières années (1906-1907-1908), par exemple, les gains, par tête d'animal, se sont respectivement élevés à 1 fr. 50, 2 fr. 38 et 30 fr. 42 ; mais en 1900, on a perdu 13 fr. par tête d'animal.

L'engraissement ne procure donc pas toujours des bénéfices. Cela vient en partie de ce fait que les fourrages concentrés, tels que les tourteaux, sont d'un prix relativement élevé, et que, dans les régions où il tombe peu de pluie, on ne peut donner une grande extension aux plantes fourragères ou aux légumineuses. Dans beaucoup de domaines, surtout à l'Est, on trouve une ou plusieurs industries agricoles (sucrerie, distillerie, meunerie, etc.), qui donnent des résidus alimentaires : l'engraissement constitue, en ce moment, le meilleur moyen de les utiliser.

Ajoutons à cela qu'on attache une grande importance à l'emploi du fumier et qu'on le considère comme un engrais indispensable, et on comprendra pourquoi on cherche à en produire, bien que l'engraissement ne constitue pas toujours, par lui-même, une opération financière avantageuse.

Les domaines que nous avons visités dans la contrée Dniéper-Don ont peu de vaches, juste ce qu'il faut pour les besoins domestiques des propriétaires et du personnel. Ces vaches descendent, pour la plupart, d'une race hollandaise introduite en Russie sous Pierre-le-Grand.

Dans la Pologne betteravière, beaucoup de fermes, au contraire, produisent du lait soit pour le vendre dans les villes voisines, soit pour le livrer à des beurreries. Pris sur place, il se vend 7 à 11 centimes le litre.

On emploie la vache polonaise qu'on croise avec la race hollandaise pour en augmenter la production en lait. On nous a dit que la race polonaise est réfractaire à la fièvre aphteuse ; mais nous ne savons si la chose a été établie scientifiquement. Nous la livrons néanmoins aux zootechniciens.

Les chevaux employés en Russie aux travaux des champs sont de la race du pays ou proviennent quelquefois de croisements entre la race du pays et le percheron français. Les chevaux russes ne sont pas de grande taille ; ils ne sont pas très forts ; mais ce sont de bons trotteurs. Les sujets issus du croisement percheron-russe, sont un peu plus lourds et plus endurants au travail ; mais ils sont moins bons trotteurs. Comme les routes ne sont généralement pas empierrées et deviennent boueuses au moment des pluies, on ne peut faire les transports que par petites charges sur de petites voitures. D'autre part, le travail du sol est généralement facile. Voilà pourquoi il vaut mieux avoir là-bas une race de chevaux qui ne soit pas trop lourde.

En Russie, les chevaux attelés ne portent ni œillère, ni collier, ni mors. On remplace le collier par une simple « bricole » en chanvre tissée qui entoure les épaules, et on les conduit par l'intermédiaire d'un « surnez ».

Presque partout, en Russie, on entretient ou on engraisse des porcs. On les fait pâturer dans les champs en même temps que les bœufs et on les abandonne souvent en liberté le long des larges chemins qui traversent les villages. Le paysan russe, en particulier, donne beaucoup de soins à son porc.

Nous n'avons vu que très peu de troupeaux de moutons.

CHAULAGE

Le rapport de l'année dernière indique les effets que l'on peut attendre du chaulage (par la chaux vive ou par les tourteaux de carbonatation) suivant la qualité des terres. Inutile d'y revenir.

Les fermes polonaises pratiquent ces amendements comme les fermes allemandes ou autrichiennes.

Quant aux domaines des autres régions betteravières russes, ils emploient fort peu de tourteaux de carbonatation et, en général, pas de chaux. Quelquefois même ils n'emploient pas les tourteaux de carbonatation. Il s'agit là d'une question de sol et de climat. Les terres du tchernozème, dit-on, sont suffisamment riches en chaux pour subvenir aux besoins de la végétation ; elles sont suffisamment meubles, les fermentations s'y accomplissent dans de bonnes conditions, il est donc inutile de leur donner de la chaux.

Nous avons vu cependant en Podolie des terres plutôt fortes où l'emploi de la chaux ou tout au moins des tourteaux pourrait peut-être donner de bons résultats. Il y a encore des essais à faire sur l'utilité du chaulage et sur les doses éventuelles de chaux à employer.

ENGRAIS VERTS

Ici encore il faut distinguer entre la Pologne et le reste de la Russie betteravière.

Pour que les engrais verts réussissent, surtout en culture dérobée, il faut qu'il y ait, dans le sol, assez d'eau, c'est-à-dire qu'il

pleuve suffisamment. Même quand elle n'a pas prospéré, une récolte
verte laisse toujours moins d'humidité dans le sol, à cause de l'évaporation abondante qui se produit par ses feuilles.

Comme en Pologne il tombe autant de pluie que dans beaucoup
de régions allemandes ou autrichiennes, on peut y faire de la sidération comme dans ces deux pays.

Et, en fait, la sidération s'y répand de plus en plus.

Il n'est pas de même dans le reste de la Russie sucrière et cela
à cause du manque d'eau. Dans les fermes que nous avons visitées,
on cultive quelques légumineuses fourragères, soit sur jachère, soit
quelquefois en une sole spéciale ; mais ce n'est jamais que sur une
très petite échelle et encore on ne fait jamais d'engrais verts en culture dérobée.

ENGRAIS EMPLOYES

En Pologne, on emploie à peu près les mêmes engrais qu'en Allemagne et en Autriche. (Voir rapport de l'année dernière.)

Pour le reste de la Russie betteravière on en est encore à la période d'essais, de sorte qu'à l'heure actuelle, l'emploi des engrais se
ramène à peu de chose.

Que la jachère doive être suivie de blé ou de betteraves, elle reçoit du fumier, à raison de 30.000 à 35.000 kilos par hectare. Ce
fumier est toujours du fumier très fait.

Quand la betterave vient sur le blé qui suit la jachère, on répand sur le champ, après la récolte de blé, des scories de déphosphoration, à raison de 300 à 400 kilos par hectare. Elles se trouvent
enfoncées dans le sol par le gros labour, de 0 m. 30 à 0 m. 32, qui
est fait en août et septembre.

Comme engrais de printemps, on donne à la betterave 130 à 150
kilos de superphosphate à 16 % d'acide phosphorique (8 à 10 pouds
par déciatine) et 15 à 30 kilos de nitrate de soude. Ces engrais de
printemps ont surtout pour but de hâter la levée et de rendre plus
rapide la première végétation. On les met dans la terre en même
temps que la graine en se servant du semoir dit combiné. C'est le
semoir combiné Vielwerth et Dédina (nouveau modèle), à Kiew, que
nous avons vu le plus souvent en Russie. La graine et le mélange d'engrais (superphosphate et nitrate) sont semés par le même semoir et
sur la même ligne, les engrais venant les premiers et étant placés
à une profondeur un peu plus grande que la graine. Deux petits
socs qui sont placés de chaque côté derrière chaque distributeur
recouvrent d'une légère couche de terre la ligne semée.

MAIN-D'ŒUVRE

La Pologne proprement dite a depuis longtemps le régime de la
propriété individuelle. Elle l'a conservé malgré les partages de 1773-
1793 et 1795, dans cette partie de l'ancien royaume qui, en 1815, au

Congrès de Vienne, sous le nom de Royaume de Pologne, a été uni à la Russie. Les autres provinces polonaises annexées à la Russie en 1773 et 1793 (premier et deuxième partages) ont subi une fusion législative plus ou moins complète avec l'Empire et ont conservé les mêmes bases d'organisation jusqu'à ce jour.

Il y a dans le royaume de Pologne des ouvriers agricoles comme en France et en Allemagne. On loge les ouvriers occupés à l'année ; on leur donne des aliments en nature et on met à leur disposition une certaine étendue de terre pour qu'ils puissent entretenir une ou deux vaches. On loge aussi les ouvriers de saison, quand cela est nécessaire. Les salaires leur sont payés, argent comptant, sauf de très rares exceptions.

Dans la Russie proprement dite, la question de la main-d'œuvre est dans une dépendance étroite avec le régime de la propriété foncière.

Au cours du voyage que M. Domergue et moi avons fait en Russie, au mois d'avril 1911, nous avons eu l'honneur d'être reçus à Saint-Pétersbourg par M. Yermoloff, ancien ministre de l'Agriculture, propriétaire, en outre, dans le gouvernement de Voronège, non loin de la région sucrière, d'un grand domaine qu'il exploite lui-même. M. Yermoloff a étudié tout spécialement *la Crise agraire* dans un ouvrage remarquable, fort documenté, qui a été publié en 1907.

Les renseignements qu'il a bien voulu nous donner ou qui se trouvent dans son ouvrage, joints à ceux que la Commission a recueillis sur place au cours de l'enquête d'août-septembre 1911, nous permettent de donner quelques indications générales sur les conditions de la main-d'œuvre en Russie.

Sur les 130 millions d'habitants que compte la Russie, il y en a plus de 100 millions qui vivent de l'agriculture. Même les ouvriers d'industrie ont des attaches avec la terre.

En 1861, sous Alexandre II, les serfs ont été affranchis et on a partagé entre eux les terres seigneuriales qu'ils travaillaient de leurs mains.

Ces terres ont été achetées par l'Etat à leurs propriétaires puis concédées aux serfs affranchis, à raison de 1 à 4 ou 5 hectares par âme masculine. La dotation n'a pas été gratuite, mais son prix était calculé de façon que l'Etat puisse rentrer dans ses débours en une période de cinquante années et par un système d'annuités en général fort peu onéreux.

Les paysans n'étaient pas obligés de l'accepter. En fait, il en est qui ne l'ont pas trouvée avantageuse, soit parce qu'elle avait été estimée trop cher, soit parce qu'on pouvait, à ce moment, et dans le même voisinage, louer des terres à un prix plus rémunérateur. A ceux-ci, on donnait donc gratuitement l'emplacement de leurs habitations et à peu près le quart de la dotation prévue, soit environ 1 hectare par âme masculine.

Voilà comment les anciens serfs sont devenus propriétaires ter-
riens et possèdent une habitation familiale qui leur appartient en
propre.

Une observation doit être faite tout de suite : les dotations accep-
tées n'ont pas donné lieu partout au même régime de propriété :
dans les provinces de l'ouest, elles sont devenues propriétés indivi-
duelles ; dans les provinces du centre, du nord et de l'est, elles sont
devenues propriétés communales.

Une loi promulguée vers 1890 a établi que les dotations ne pouvaient être vendues qu'à des paysans de la même commune ou bien
à d'autres paysans ; mais il fallait une autorisation spéciale.

Les lois de l'époque permettaient la transformation de la propriété communale en propriété individuelle, sous la condition que
le partage soit demandé par les deux tiers au moins des voix et
encore ce partage n'était pas définitif ; il pouvait être renouvelé sous
certaines conditions.

On voit tout de suite les difficultés que présente un tel partage :
il faut tenir compte de la qualité des terres, de la distance qui les
sépare du village, des chemins qui les desservent, de l'emplacement
des abreuvoirs où on peut conduire le bétail (car l'eau est souvent
rare en Russie), etc. Comment s'étonner que certaines familles aient
reçu trente à cinquante parcelles (et quelquefois davantage) dont la
largeur n'était quelquefois que deux ou trois mètres.

Un morcellement poussé aussi loin rend les améliorations plus
difficiles et tous les paysans de la commune se trouvent amenés à
suivre le même assolement. Les champs ou parcelles de la même sole
se trouvent au même endroit ; en les laboure, on les sème et on les
récolte au même moment ; le bétail paît au même moment sur les
chaumes et les jachères, etc. Et ce qui augmente encore les difficultés,
c'est que les villages sont généralement très étendus et très peuplés
et que les champs se trouvent quelquefois très éloignés du village,
15 à 20 kilomètres.

Dans ces conditions les déplacements faisaient ou font perdre
beaucoup de temps et les paysans, au surplus, n'avaient pas grand
intérêt à améliorer leurs terres puisqu'ils n'en étaient pas les propriétaires définitifs.

La question s'est encore compliquée peu à peu.

Dans les cinquante dernières années, la population paysanne a
presque doublé en Russie, de sorte que les concessions ou dotations
qui avaient été faites en 1861, au moment de la suppression du
servage, se trouvent maintenant diminuées par tête d'habitant ou par
âme masculine.

Dans bien des contrées le paysan russe ne peut plus vivre aisément sur sa terre.

Ainsi s'expliquent les nombreuses émigrations qui se produisent
de la Russie d'Europe vers la Sibérie et l'Asie centrale. Ainsi s'ex-

plique aussi pourquoi les paysans de tel ou tel gouvernement prennent, pendant la belle saison, du travail en dehors de leur région ou de leur village.

La question agraire présente aussi un côté politique ; comme en 1861 on avait fait des expropriations de terres seigneuriales, les paysans de certaines régions, poussés par les partis politiques avancés, ont demandé qu'on en fasse de nouvelles. Et c'est là l'origine de ces manifestations de paysans qui, avec la devise *Terre et Liberté*, ont conduit à de véritables désordres : pillages, incendies. Il ne faut donc point s'étonner que, dans chaque grand domaine, il y ait à l'heure actuelle un gendarme à poste fixe et qu'on établisse des surveillances de nuit pour empêcher qu'on ne mette le feu aux meules de blé ou qu'on ne s'attaque aux récoltes.

Il est inutile d'entrer dans plus de détails sur cette question qui a trop de points de commun avec la politique.

Ce qui précède d'ailleurs suffit pour montrer qu'en Russie (Pologne exceptée) l'ouvrier agricole n'existe pas au sens propre du mot. Tous les paysans ont une maison et travaillent la terre qui leur a été donnée en dotation. Presque toujours, pour agrandir leur petite exploitation et la rendre plus lucrative, ils louent des terres aux propriétaires du voisinage et c'est ici qu'apparaît la main-d'œuvre dont les grands domaines font usage.

Les locations ne portent généralement que sur une année : elles se font, à l'automne, pour les cultures d'hiver et, en hiver, pour les cultures de printemps. C'est le paysan lui-même qui exécute les façons aratoires (labour, semaille, récolte). Il paie la location avant d'emmener la récolte dans sa maison.

Et, comme le mode de culture qu'il emploie est des plus simples, il lui reste beaucoup de temps libre : il va donc travailler chez son propriétaire, quelquefois même avec ses bêtes d'attelage. Il fait des transports de sucre, de charbon, de pierre à chaux ; il entreprend des façons superficielles : déchaumage, binages, etc. Enfin bref, il cherche à compléter ses revenus en effectuant des travaux payés.

Voilà pourquoi les domaines russes (Pologne exceptée) trouvent difficilement des ouvriers à l'année, experts dans leur métier, pour constituer les cadres de leur personnel ouvrier.

Ces arrangements mutuels ont cependant des avantages pour les deux parties, surtout quand le propriétaire traite directement avec ses locataires ; mais ce n'est pas toujours le cas. Il arrive, en effet, que des propriétaires ne voulant pas avoir affaire à un si grand nombre de locataires louent la partie de leur domaine qu'ils ne veulent ou ne peuvent exploiter à des locataires qui ne les exploiteront pas eux-mêmes, mais qui les sous-louent aux paysans.

Ces intermédiaires qui font simplement acte de commerce manquent souvent de mesure avec les paysans locataires, surtout dans les mauvaises années où ceux-ci auraient besoin d'être aidés. Ils exigent le paiement intégral des locations à la date indiquée par le bail, les traduisent, le cas échéant, devant les tribunaux et cela fait des mécontents. La main-d'œuvre dont dispose le propriétaire s'en trouve influencée défavorablement.

Tous ces mécontentements, et d'autres encore, ont surtout fait explosion au moment de la révolution qui a suivi la guerre de la Russie avec le Japon. Ils ont amené le gouvernement russe à venir de nouveau en aide aux paysans.

Les mesures qui ont été prises ont assez d'importance pour être signalées ici en quelques mots.

En 1906, le Gouvernement russe a concédé à la Banque foncière des paysans :

1° Quatre millions d'hectares pris sur les forêts domaniales, et qui peuvent être défrichés ;

2° Les terres des apanages (propriétés destinées à l'entretien des membres de la famille impériale) ;

3° Les terres de Sibérie dites du Cabinet (propriété personnelle de l'Empereur).

Ces concessions ont été faites à un prix peu élevé et la Banque les revend aux paysans, à crédit ou contre hypothèque, sur estimation faite par des commissions locales. Ces achats portent généralement sur les champs en location. Les terres ainsi acquises sont disposées en lots pouvant former de petites fermes indépendantes. La Banque se charge de la construction des routes, du desséchement des sols trop humides, etc. Ce n'est qu'à titre exceptionnel que ces concessions sont faites aux communes.

Ce n'est pas tout : par une loi spéciale le Gouvernement a autorisé les paysans, membres d'une commune agricole, à exiger dans des conditions déterminées, la part de terre à laquelle ils ont droit, dans la communauté. Ils peuvent ainsi la transformer en propriété individuelle ; ils peuvent aussi la vendre sans autorisation spéciale, la léguer par testament, etc.

En ce qui concerne les annuités à payer jusqu'en 1911 pour les dotations reçues en 1861, l'Empereur a décidé que les paysans en seraient exonérés à partir du 1er janvier 1907.

Toutes ces mesures et d'autres encore qu'il serait trop long d'indiquer ici, ont pour but de transformer la propriété communale ou collective en propriété individuelle. Elles auront probablement pour résultat de rendre plus facile l'amélioration des méthodes de culture et, par conséquent, des conditions de la production.

Par les détails qui précèdent, on voit que la main-d'œuvre dans les domaines betteraviers russes se recrute, en grande partie, parmi les paysans. Et comme la population paysanne est relativement très nombreuse on peut dire que les bras ne manquent pas en agriculture russe.

Les salaires sont moins élevés qu'en France. Généralement les hommes gagnent 50 copecs par jour, les femmes 40 copecs et les jeunes filles ou jeunes gens 30 copecs, soit respectivement 1 fr. 30, 1 fr. 05 et 0 fr. 80. Le domaine n'a pas à les loger ni à les nourrir. Ils apportent généralement leur repas en venant au travail. Leur nourriture est très frugale : elle n'est pas de nature à leur donner beaucoup de force pour le travail.

Les paysans n'exécutent pas seulement des travaux manuels en dehors de leur petit train de culture ; ils font aussi des transports ou des façons aratoires qui exigent des bêtes d'attelage. Nous avons pu nous en rendre compte dans plusieurs domaines. Les fabriques de sucre ont à transporter du sucre, du charbon et de la pierre à chaux à une distance qui atteint quelquefois 20, 30, 40 kilomètres. Les paysans effectuent beaucoup de ces transports : ils se servent pour cela de petites voitures attelées de un ou deux chevaux du pays et qu'ils chargent de 500 à 800 kilos. A l'aller ils prennent ou du sucre ou du blé ; au retour, du charbon ou de la pierre à chaux, etc. Quand les routes sont sèches, les transports se font aisément, mais il n'en va pas de même au moment des pluies ou de la fonte des neiges. Les chemins non empierrés — ils sont généralement dans ce cas — deviennent boueux, les roues enfoncent dans les ornières, les chevaux ou les bœufs avancent plus difficilement, etc.

Le domaine B... que nous avons visité donne, par exemple, 3 copecs 5 à 4 copecs pour transporter 55 pouds (1 poud = 16 k. 4) à 23 kilomètres de distance. Cela fait 0 fr. 28 à 0 fr. 30 par tonne kilométrique, ce qui représente une dépense relativement élevée. Dans d'autres domaines on donne des prix analogues.

Cette abondance de main-d'œuvre constitue assurément un gros avantage pour l'agriculture russe : Il y a cependant quelques petites ombres dans le tableau. L'ouvrier russe est un peu paresseux et ne paraît pas très cultivé ; il n'a pas le ressort, l'activité de l'ouvrier français et il produit moins. Nous avons été frappés de voir la main-d'œuvre abondante que l'on est obligé d'employer là-bas pour faire les récoltes, battre le blé, la graine de betteraves, etc.

L'ouvrier russe est très religieux. Il suit ponctuellement les pratiques extérieures du culte et les fêtes religieuses lui donnent l'occasion de nombreux jours de chômage.

Pour les fêtes comme Pâques, le 15 août, etc., le chômage dure plusieurs jours, c'est-à-dire plus longtemps que la fête religieuse et dans certaines régions, dans le gouvernement de Kharkow par exemple, beaucoup de paysans n'oseraient pas reprendre le travail avant la fin du chômage habituel. S'il survenait quelque malheur dans le village on les accuserait de l'avoir provoqué par leur irréligion. Peut-être aussi la paresse joue-t-elle quelque rôle en l'occurence !

Aux fêtes religieuses s'ajoutent encore les pèlerinages qui sont différents suivant les régions et qui sont toujours très nombreux chaque année et les fêtes civiles (fêtes de l'empereur ou fêtes des membres de la famille impériale).

Et la question se complique encore de ce fait que les paysans, pendant les jours de chômage, sont enclins à boire plus d'alcool qu'en temps ordinaire.

Si nous donnons ces explications c'est simplement pour montrer que les jours de chômage sont plus nombreux en Pologne catholique et encore plus en Russie orthodoxe qu'en France et surtout pendant la période de l'année où se font les travaux des champs.

Dans le gouvernement de Kiew, nous avons visité une habitation paysanne : elle se composait d'une maison d'habitation, d'une cave et d'une grange. La maison est construite en terre et couverte en chaume. Elle est éclairée par de petites fenêtres et ne possède pas d'étage. (Voir p. 55.)

Les habitations sont relativement distantes les unes des autres : au surplus, les rues sont très larges, de sorte que les villages, qui sont généralement très peuplés, n'en paraissent que plus étendus. Souvent, les porcs peuvent courir en liberté dans les rues.

CULTURE DE LA BETTERAVE

Elle se fait en Pologne russe à peu près comme en Pologne allemande. Il y a cependant quelques particularités qui se rapportent aux autres régions betteravières russes.

Les assolements et les façons aratoires sont combinés de telle façon que l'eau provenant des pluies ou des neiges puisse être gardée dans la couche arable, avec le moins possible d'infiltrations ou d'évaporation superficielle.

Cela est nécessaire, non seulement pour la betterave qui a de grands besoins d'eau, mais aussi pour les autres plantes cultivées.

La jachère et surtout la *jachère noire* sont très efficaces dans ce ses ; les labours profonds, en mettant à la disposition des plantes une couche de terre plus épaisse ; les façons superficielles en rompant les canaux capillaires tendent aussi vers le même but. Il n'est pas jusqu'à la façon de semer les céréales qui ne joue aussi son rôle : dans un domaine que nous avons visité on sème le blé en ligne, à raison de deux lignes très espacées (20 à 25 c/m), suivies de deux lignes plus rapprochées (10 à 15 c/m). De cette façon, on peut continuer à faire des binages entre les lignes alors que la plante est déjà très développée.

Le gros labour qui précède la jachère est fait au commencement de l'automne précédent : la terre labourée garde plus longtemps la neige entre les sillons et emmagasine ainsi plus d'eau de neige. On donne quelques façons superficielles pendant l'année de jachère en évitant de les faire au moment des grandes chaleurs.

La betterave vient généralement sur le blé qui suit la jachère mais quelquefois aussi directement sur la jachère (V. Assolements). Dans le premier cas (betterave sur blé), on fait un déchaumage dès que la récolte de blé est enlevée ; puis on répand généralement 300 kilos de scories de déphosphoration et on fait le gros labour.

Dans le second cas, on fait sur la jachère une façon superficielle de nettoyage et d'ameublissement, puis on répand le fumier et on fait le gros labour.

Dans les deux cas, on sème au printemps, en même temps que la graine et avec le semoir combiné, du nitrate de soude (25 kilos), et du superphosphate (150 kilos) (V. chapitre des engrais).

La machine employée pour nettoyer et ameublir superficiellement la jachère n'a pas partout la même construction : dans l'un des domaines elle a l'aspect d'une houe et les couteaux se recourbent dans le sol en une partie horizontale. La barre qui supporte les fers est inclinée par rapport à la direction de traction, de telle sorte que les fers viennent les uns après les autres sans suivre la même piste et sans cependant travailler côte à côte.

Dans un autre domaine, elle se compose de deux longs couteaux qui se rejoignent en avant suivant un angle déterminé et qui travaillent toute la largeur comprise entre les deux roues porteuses de la machine. Derrière les deux couteaux vient une sorte de râteleuse qui permet de rassembler les herbes coupées.

Dans un troisième domaine enfin, elle se compose d'une simple lame horizontale placée entre les deux roues et qui agit comme un couteau perpendiculaire à la direction de traction. Un régulateur permet de faire varier l'enfoncement du couteau.

Somme toute, quelle que soit sa construction, la machine à travailler et à esherber la jachère se ramène à un couteau horizontal qui découpe une tranche horizontale de terre, mais sans la retourner ni la brasser.

Le déchaumage ou labour superficiel qui vient sur blé est généralement fait avec un trisoc, mais pas avec un extirpateur. Dans quelques domaines, on emploie aussi, quoique pas d'une façon courante, la déchaumeuse à disques. Elle se compose de deux arbres inclinés en sens contraire, par rapport à la direction de traction, et se réunissant en avant suivant un angle très obtus. Chaque arbre porte six disques de 35 c/m de diamètre, distants de 18 c/m. Les disques reçoivent un mouvement de rotation analogue à celui que reçoivent les roues d'une voiture.

Le gros labour d'automne qui précède la betterave porte sur 0 m. 28 à 0 m. 32 de profondeur. Il est généralement fait avec un monosoc à rasette, traîné par six ou huit bœufs.

Quelquefois la charrue porte une fouilleuse mais, dans ce cas encore, la profondeur de la terre travaillée ne dépasse guère 0 m. 30 à 0 m. 32. Même quand la betterave vient directement sur fumier, après jachère, on ne fait pas de binotage spécial pour enfouir le fumier. C'est la charrue elle-même, avec sa rasette, qui se charge de ce soin.

Etant donnée la grandeur des domaines que nous avons visités, les champs réservés à chaque culture y ont forcément une grande étendue et en longueur et en largeur et on peut y occuper de nombreux attelages sans qu'ils se gênent mutuellement. C'est ainsi que nous avons vu souvent dix et douze charrues faisant, les unes à la suite des autres, le gros labour pour betteraves. Le travail se faisait facilement et dans de bonnes conditions et les bœufs avançaient relativement vite. Parmi les domaines visités, il y en a quatre qui possèdent la charrue à vapeur Fowler. On s'en sert quelquefois pour faire les labours profonds qui précèdent la betterave mais, cependant, pas toujours. Nous l'avons vue en fonctionnement dans trois domaines, l'un en Pologne, et les deux autres, dans les terres du tchernozème. Dans celui-ci, la charrue a vapeur travaillait sur un chaume de pois. Elle retournait, à chaque passage, 2 m. 70 de largeur en six sillons de 0 m. 30 de profondeur, soit environ 1 hect. 10 à 1 hect. 20 par heure. Chaque locomobile dépensait 500 kilos de charbon par jour.. Le prix de revient du labour à vapeur s'élève à environ 35 francs par hectare contre 29 francs pour le labour par traction animale. Malgré cette différence de prix, la charrue à vapeur est quelquefois employée dans les moments de presse et, dans ce cas, on la fait quelquefois marcher pendant la nuit.

On nous a montré, en Pologne, les résultats que donne le labour profond. Dans l'une des fermes que nous avons visitées, une grande pièce de composition aussi homogène que possible a été divisée en deux parties qui ont été traitées de la même façon et ont reçu les mêmes engrais ; seulement l'une des moitiés a été labourée à 0 m. 40 de profondeur et l'autre moitié, à 0 m. 25 à 0 m. 30. Par les betteraves que nous avons arrachées, nous avons pu voir la différence des résultats. Les betteraves sur labour profond étaient de forme plus régulière, plus pivotantes. Elles portaient des feuilles plus développées, dont certaines atteignaient jusqu'à 0 m. 50.

Au printemps, quand la neige est disparue et que les terres commencent à se réchauffer un peu, on donne souvent mais cependant pas toujours, un coup de traîneuse pour aplanir les sillons déjà très affaissés. Les « traîneuses » que nous avons vues en Russie sont plus légères qu'en Allemagne et, au lieu d'être d'une pièce, elles sont articulées, c'est-à-dire que chacune des deux barres se compose de trois éléments.

Après la traîneuse, on fait passer une sorte de herse à petits socs, puis une herse ordinaire, puis une herse fine et on fait un roulage. Si la terre contient des mottes, on donne quelquefois, avant le hersage à la herse ordinaire, un coup de rouleau à dents. Le rouleau employé se compose d'un cylindre en bois portant des dents radiales. L'axe porte un cadre sur lequel sont fixées des dents analogues, parallèles aux premières et contre lesquelles celles-ci viennent se nettoyer.

Les semailles sont faites avec le semoir combiné qui sème en même temps les engrais de printemps et la graine (V. chapitre engrais). On emploie généralement 35 et même 40 kilos de graines par hectare. Les lignes sont distantes de 38 à 40 c/m. Les deux petits socs qui se suivent derrière les distributeurs recouvrent la semence d'une petite couche de terre. On emploie souvent des graines allemandes de reproduction russe ; mais un bon nombre de domaines sont déjà organisés pour faire eux-mêmes de la sélection.

Après la semaille, on donne souvent un coup de herse fine. La mise en place des bouquets est faite avec une binette, tandis que le démariage est fait à la main. Généralement ces deux opérations viennent l'une après l'autre, comme en Allemagne. Au moment du démariage on laisse 100.000, 110.000 et même 120.000 pieds par hectare, rarement moins. Dans le domaine de P... nous avons vu une machine à mettre les bouquets en place. Pendant la marche, elle travaille perpendiculairement aux lignes. Chaque élément se compose d'un soc triangulaire ayant de chaque côté deux disques verticaux. Les disques voisins, de deux éléments consécutifs, limitent le bouquet à conserver. Derrière chaque soc, vient une sorte de peigne qui saisit les betteraves coupées et permet de les rassembler. La machine à mettre les bouquets comporte naturellement plusieurs éléments (socs et disques).

Suivant le temps qu'il fait, suivant l'état de la terre on voit s'il faut biner ou rouler. Le rouleau appelle l'eau à la surface en rétrécissant les canaux capillaires du sol. Le binage, au contraire, et pour la raison contraire, tend à diminuer l'évaporation superficielle. Plus la terre est pauvre en eau, plus il faut biner.

Le binage en Russie est généralement fait avec de petites binettes à main. On se sert peu de la houe à cheval. La houe à mains porte deux fers. Elle peut être poussée en avant ou tirée d'arrière en avant. Comme les ouvriers trouvent pénible de faire le travail à bras, on accroche généralement cinq houes à un même palonnier qu'on attelle d'un cheval. Chaque houe est tenue par un ouvrier et il y a, en plus, un conducteur qui s'occupe du cheval.

Quant aux houes à cheval, qui sont quelquefois mais rarement employées, elles ressemblent un peu à des scarificateurs avec des socs larges et aplatis.

S'il y a des betteraves qui commencent à monter à graines, on coupe les tiges. Voilà pourquoi on n'en voyait pas au moment où nous sommes passés.

L'arrachage commence à la fin de septembre. Il est fait à la main. Dans l'un des domaines visités, on nous a dit avoir commencé des essais avec une arracheuse mécanique et on nous a, en effet, montré une arracheuse qui ressemble à une arracheuse de pommes de terre ; mais il ne s'agit là que d'essais peu étendus et qui sont restés isolés. Comme les terres sont profondes et ne collent pas aux instruments, comme on emploie du fumier très fait et que la couche arable est tassée à peu près également sur toute sa hauteur, les betteraves sont longues et pivotantes. Elles peuvent être arrachées facilement et déjà en sortant de terre elles sont presque propres. On les décollette et on les nettoie en outre avec soin, de sorte qu'au moment de la livraison à l'usine elles donnent lieu à une tare qui ne dépasse guère 5 %, surtout quand les paysans-arracheurs sont payés en partie avec des feuilles et collets.

Comme les froids en Russie sont déjà très vifs en novembre on protège les betteraves arrachées contre la gelée en les recouvrant d'une épaisse couche de terre. Quelquefois, quand il s'agit par exemple de planchons qui doivent être conservés jusqu'au printemps, on les recouvre d'une couche de 1 m. 50 de terre et sur la terre on met encore des paillassons épais.

Les betteraves sont généralement payées au poids et sans qu'il soit tenu compte de la richesse saccharine. Dans la grande majorité des cas, elles sont transportées à l'usine par le fournisseur.

Le prix actuel est de 21 à 22 francs la tonne rendue usine, mais les fabriques donnent gratuitement une certaine quantité de pulpe (350 à 500 kg. par tonne) et une certaine quantité de mélasse (8 à 10 kg.). La graine est donnée gratuitement ou cédée à un prix réduit (0 fr. 50 le kilo par exemple).

FEUILLES ENSILEES

Dans les fermes russes que nous avons visitées, les feuilles de betteraves entrent dans l'alimentation du bétail. Quelques-unes sont consommées sur les champs mêmes, une fois que l'enlèvement des betteraves est terminé ; mais la plus grande partie sont ensilées pour être employées au fur et à mesure des besoins. Généralement les silos de feuilles et de pulpe sont creusés dans le sol. Tantôt on conserve séparément les feuilles et les pulpes, tantôt on les conserve dans des silos séparés. Toujours on les recouvre d'une épaisse couche de terre. Nous rappelons simplement que, pendant la conservation, l'acide oxalique des feuilles disparaît peu à peu (V. rapport de l'année dernière).

ORGANISATION DES SUCRERIES

Les fabriques appartiennent à des propriétaires de domaines ou à des sociétés industrielles. Il n'y a pas, en Russie, de sucreries coopératives.

Nous avons indiqué, au début de ce rapport, les quantités de betteraves qui sont fournies par les fabriques ou par les agriculteurs non fabricants, ou par les paysans. Inutile de les rappeler.

VALEUR DU SOL

Dans presque toutes les régions que nous avons visitées l'hectare de terre labourable considéré en ferme vaut 1.000 à 1.250 francs l'hectare et se loue 45 à 50 francs, soit 4 à 4,5 % de la valeur foncière.

Quand il s'agit de terres isolées et qui sont louées pour un court espace de temps, le prix de location peut s'élever à 75 et 90 francs par hectare.

Nous avons déjà dit que beaucoup de grands domaines de l'ouest louent des terres à seule fin d'y cultiver de la betterave et d'augmenter ainsi les approvisionnements de leurs usines.

Les mesures législatives qui ont été prises en vue d'améliorer le sort des paysans ne peuvent que contribuer à améliorer leurs méthodes de culture.

Dans beaucoup de régions de la Russie il y a peu de fermiers au sens où nous l'entendons en France. Cependant, il y en a en Pologne dans les gouvernements de Kiew et de Podolie, etc.

Nous avons déjà indiqué comment les propriétaires des grands domaines louent les terres qu'ils ne peuvent exploiter, soit à des paysans, soit à des intermédiaires qui les sous-louent eux-mêmes aux paysans.

PRIX DE REVIENT DE L'HECTARE DE BETTERAVES

La Russie sucrière est si grande qu'on ne peut songer à donner un prix de revient qui soit exact pour toutes les fermes. Nous voulons simplement donner quelques exemples pour fixer les idées.

a) *Région d'Outre-Dniéper*

Valeur locative de la terre	41 45
Engrais	40 09
Gros labour	30 61
Graines employées	18 05
Ensemencement par le semoir	11 93
Façon sur jachère (ou déchaumage)	3 35
Binages, mise en place, démariage	43 59
Autres travaux	9 93
Arrachages	47 43
Transport	48 30
Faux frais	3 28
Frais de bureau, administration, surveillance, écoles, station de végétation, impôts, police, réparations, assurance, hôpital, etc.[1]	142 69
Total	440 70

La récolte par hectare a été, en moyenne, de 21.124 kilos par hectare.

D'où prix de revient de la tonne de betteraves :

$$\frac{440 \text{ fr. } 70}{21.124} = 20 \text{ fr. } 90$$

____

[1] Les frais généraux sont moins élevés pour les domaines moins étendus.

Or, le prix de vente de la betterave s'est élevé, par tonne, à 23 fr. 40.

Le bénéfice par tonne est donc de :

$$23 \text{ fr. } 40 - 20 \text{ fr. } 90 = 2 \text{ fr } 50$$

soit par hectare environ 50 à 53 francs (chiffre rond).

b) *Gouvernement de Kiew*

Dans un domaine du gouvernement de Kiew on nous a donné comme prix de revient de l'hectare le chiffre de 390 francs, non compris la valeur locative de la terre et cela pour une récolte de 20.700 kilos de betteraves par hectare.

c) Enfin, dans un troisième domaine on nous a dit que pendant ces dernières années les bénéfices pour tout l'ensemble des terres labourables se sont élevés à environ 50 francs par hectare.

STATION DE PATHOLOGIE VEGETALE ET D'ENTOMOLOGIE

L'association des fabricants de sucre russes possède une station de pathologie végétale et d'entomologie qui a été créée sur l'initiative du président, M. le comte Bobrinsky. Elle est installée actuellement dans le domaine de Sméla, propriété du comte Bobrinsky. Nous l'avons visitée.

On nous a montré les divers accidents que produit sur la betterave la maladie dite bactériose et on nous a indiqué les moyens qu'on a essayés jusqu'à maintenant, et sans grand succès, pour y remédier.

Comme s'attaquant à la betterave, on nous a cité le Cléonus. On le combat au moyen de solutions de chlorure de baryum à 5-7 % qu'on répand sur les plants avec un pulvérisateur, système Vermorel, et en creusant, autour des champs, de petits fossés de 25 cm/25 cm.

GRAINES DE BETTERAVES

De cette question, nous dirons peu de chose. Nous avons pu voir que les terres du tchernozème se prêtent admirablement à la culture de la graine de betteraves.

Parmi les domaines que nous avons visités, il y en a qui font simplement de la reproduction de graines étrangères et d'autres qui font de la sélection.

Les premiers achètent des semences d'élite ou des planchons analysés.

Aux terres qui reçoivent les semences en première année, on donne un peu plus de nitrate et un peu plus de phosphate qu'aux cultures de betteraves ordinaires : environ 90 kg. de nitrate et 200 kg. de superphosphate. On sème les lignes à 0 m. 38 d'écartement et sur la ligne on laisse un plant tous les 14 à 15 c/m.

A l'automne, la sélection est faite d'après la forme extérieure des sujets. Pendant l'hiver, les futurs planchons sont conservés en silos et recouverts de 1 m. 50 de terre et de paillassons.

Quelle que soit l'origine des planchons, ils sont repiqués de la même façon. On les plante à 0 m. 50 à 0 m. 70 d'écartement.

Deux grands domaines que nous avons visités possèdent une station de sélection fort bien outillée et disposant de champs d'expériences fort étendus pour faire les essais comparatifs ou les essais d'engrais que comportent la sélection et la culture de la betterave.

La récolte est faite à plusieurs reprises, suivant la mâturité des tiges. L'égrainage a lieu dans une batteuse spéciale. Les nettoyages ultérieurs sont faits au moyen d'appareils à main. Nous n'avons pas vu d'appareils à sécher la graine de betteraves.

On récolte environ 1.500 à 2.000 kilos de graines par hectare.

EN RÉSUMÉ

1° La Russie betteravière se divise en quatre régions (Pologne, Sud-Ouest, Outre-Dniéper, Russie Centrale), qui se succèdent en allant de l'ouest à l'est et qui occupent une longueur d'environ 2.200 kilomètres. Ces régions sont séparées par des intervalles où il n'y a que peu ou point de fabriques de sucre ;

2° A mesure qu'on avance, de l'ouest vers l'est, on constate de plus en plus les caractères du climat continental :

En Pologne, il tombe environ 600 m/m de pluie par an et les froids descendent à — 22-23°. Dans la Russie centrale, il ne tombe que 400 à 500 m/m d'eau ; les froids descendent jusqu'à — 29° et il y a quelquefois jusqu'à 160 jours de gelée par an. Au surplus, les vents desséchants des steppes se font souvent sentir au printemps (Pologne exceptée). Il semble également que les chaleurs de l'été deviennent plus intenses quand on avance vers l'Est.

Contre la pénurie des pluies et les grandes chaleurs, on réagit par la jachère (la terre nue évapore moins d'eau que la terre portant une récolte), les labours profonds, les semis de céréales en lignes écartées, les façons superficielles nombreuses. On évite les engrais verts en culture dérobée et les plantes qui ont de grands besoins d'eau ;

3° En Pologne russe, on trouve surtout des terres argilo-siliceuses ou de limon, plus ou moins riches en humus, plutôt légères, et qui sont pourvues, ou qu'on est en train de pourvoir en certains rayons, d'un réseau de drainage.

Dans le reste de la Russie betteravière, on trouve surtout des terres du tchernozème, profondes, de couleur noire, riches en potasse et surtout en humus et en azote, contenant une quantité suffisante de chaux, mais ayant une teneur en acide phosphorique qui n'a rien d'extraordinaire. Ces terres ont une grande capacité d'absorption pour l'eau ; elle s'émiettent, se divisent par les façons aratoires ; elles se prennent en croûtes superficielles s'il pleut longtemps par fortes averses et que la chaleur vienne ensuite ;

4° En Pologne, l'assolement dérive généralement de l'assolement quadriennal de Norfolk, comme en Allemagne et en Autriche (plantes sarclées, céréales de printemps, trèfle, céréales d'hiver).

Les fermes ont des prairies, cultivent des légumineuses, font des engrais verts en culture dérobée.

Dans les trois autres régions sucrières de la Russie, l'assolement-type est le suivant : jachère, céréales d'hiver (blé ou seigle), plantes sarclées (betteraves ou pommes de terre), céréales de printemps (avoine ou millet). Quelquefois, on remplace la betterave ou la pomme de terre par le maïs ou le tournesol et on sème une légumineuse dans l'avoine (généralement la vesce). Quelquefois, au lieu de laisser la jachère nue, on fait de la jachère verte avec pois ou vesce. Quelquefois enfin, mais rarement, on fait, après l'avoine, deux ou trois années de luzerne ou de sainfoin, le trèfle ne donnant généralement pas de bons résultats ;

5° En Pologne, on emploie les engrais, comme en Allemagne et en Autriche : le fumier est l'engrais fondamental et les engrais chimiques (superphosphate, sels de potasse, nitrate) ne viennent que comme appoint. On a recours également aux engrais verts et au chaulage.

Dans les autres régions sucrières russes, on n'a recours ni aux engrais verts, ni au chaulage (la pénurie des pluies y est pour quelque chose), ni aux engrais potassiques. On emploie des superphosphates et des scories et un peu de nitrate, mais surtout du fumier.

Quand la betterave vient directement sur jachère (ce qui arrive quelquefois), on répand sur le champ, à la fin de l'été, 30 à 35.000 kilos de fumier très fait et au printemps 150 kilos de superphosphate et 20 à 30 kilos de nitrate. Ces derniers engrais sont semés en même temps que la graine avec le *semoir combiné*.

Quand la betterave vient sur le blé qui suit la jachère (ce qui arrive le plus souvent), elle peut encore se ressentir des 30 à 35.000 kilos de fumier qui ont été employés pour le blé. On lui donne, en plus, après la récolte de blé, 300 kilos de scories de déphosphoration et au printemps, 150 kilos de superphosphate et 20 à 30 kilos de nitrate, qui sont semés comme précédemment avec le semoir combiné.

Quelquefois, au printemps, on répand un peu de nitrate sur les céréales qui paraissent un peu en retard ;

6° Les fermes ont généralement 15 à 20 animaux de trait (chevaux et bœufs) par 100 hectares cultivés.

En Pologne, on a, en plus, des bœufs à l'engrais, des vaches à lait, des moutons.

Dans le reste de la Russie sucrière, l'engraissement des bœufs n'est pas toujours avantageux par lui-même, parce qu'on a peu de fourrages et que les tourteaux coûtent cher. Mais on tient à produire du fumier. Pour engraisser les bœufs on les fait paître sur jachères et les chaumes, puis on a recours aux feuilles de betteraves, aux pulpes et aux résidus d'industries agricoles produits éventuellement par le domaine.

Partout on trouve des moutons et surtout des porcs. Ceux-ci pâturent en même temps que les bœufs.

Comme chevaux, on emploie en Russie la race du pays, qu'on croise quelquefois avec la race percheronne. Comme bœufs, on emploie la race des steppes à couleur grise, à grandes cornes. Comme vaches, on emploie la race du pays, qu'on essaie de croiser soit avec la race hollandaise ou avec la race Siementhal. On emploie aussi une race hollandaise importée autrefois par Pierre le Grand.

Dans le pays, on donne la vache polonaise comme réfractaire à la fièvre aphteuse (fait à contrôler) ;

7° Considérée en ferme, la terre vaut 1.000 à 1.100 francs l'hectare et se loue 45 à 50 francs. Certains grands domaines louent des terres pour une année, à seule fin d'y faire de la betterave en vue d'augmenter l'approvisionnement de leurs fabriques. Dans ce cas, le prix de location peut s'élever à 75 ou 100 francs par hectare. Il arrive aussi que de grands propriétaires louent des terres pour une année à des « paysans ». Dans ce cas, le prix de location dépasse aussi 48 à 50 francs ;

8° En Pologne, il y a des ouvriers agricoles, comme en Allemagne et en Autriche. Dans le reste de la Russie sucrière, et en particulier dans les grands domaines, les travaux des champs sont faits, pour la presque totalité, par les paysans du voisinage, qui pourvoient en même temps aux travaux de leur petite culture. Dans ce cas, les salaires journaliers s'élèvent pour les hommes à environ 1 fr. 30, pour les femmes à 1 fr. 05, et pour les jeunes filles à 0 fr. 80 généralement. Le propriétaire ne fournit ni l'habitation, ni la nourriture. Dans quelques provinces cependant, les agriculteurs sont obligés de faire venir des ouvriers et de les loger.

En Russie, les « paysans » d'aujourd'hui sont généralement les anciens serfs affranchis en 1861 et qui ont reçu en dotation les terres seigneuriales auxquelles ils étaient autrefois attachés. Ces dotations se sont élevés à 2 ou 4 ou 5 hectares par âme masculine ;

9° Beaucoup de fabriques de sucre se trouvent à 20 ou 30 ou 50 kilomètres de toute gare. Les chemins, quoique souvent très larges, ne sont généralement pas empierrés (il y a quelques exceptions qui sont dues à l'intervention des fabriques) et sont très boueux sous la pluie. Les transports de sucre, de charbon, de pierre à chaux sont faits, pour la plupart, par les paysans, dans de petites voitures qu'on charge de 5oo à 8oo kilos. Ils coûtent environ 25 ou 3o centimes par tonne kilométrique. Cela constitue pour les paysans une occasion de gain. Quant aux transports de betteraves, ils sont généralement faits par les fournisseurs à raison de 6oo à 8oo kilos par voiture ;

10° Le Dniéper qui se jette dans la mer Noire est relié aux fleuves de la Baltique (Vistule, Niémen et Dwina) par des canaux ; mais ces voies de navigation ne peuvent pas être utilisées au moment des neiges et des gelées ;

11° La culture de la betterave comporte les opérations habituelles : déchaumage et gros labour à la fin de l'été. Le gros labour qui atteint 28 à 32 c/m de profondeur est fait quelquefois avec la charrue à vapeur, quoique le gros labour par bœufs coûte moins cher.

Au printemps, on fait passer sur la terre labourée qui a subi les froids de l'hiver la traîneuse articulée, les herses et rouleaux. Dans la région sucrière Dniéper-Don, les graines sont placées en terre en même temps que du superphosphate (15o kilos) et du nitrate (2o à 3o kilos), au moyen du semoir combiné, à raison de 35 à 4o kilos par hectare. La mise en bouquets et le démariage sont faits en deux temps. Les lignes sont distantes de 38 à 4o c/m et on laisse au démariage 100.000, 110.000 et même 120.000 pieds par hectare.

Les binages sont généralement faits avec des houes à main. On les fait avancer avec un cheval par l'intermédiaire d'un palonnier. La houe à cheval a plutôt l'aspect d'une butteuse. On s'en sert quelquefois pour parfaire les binages.

En Pologne les façons culturales sont faites comme en Pologne allemande (V. le rapport de l'année dernière) ;

12° Les betteraves sont arrachées à la main, rarement à la machine. A cause de la nature des terres, de la profondeur du gros labour, de l'emploi du fumier très fait, du tassement qui se produit pendant l'hiver dans la couche arable, les betteraves sont généralement pivotantes et retiennent peu de terre au moment de l'arrachage. On les nettoie et on les décollette et elles sont livrées très propres. La tare ne dépasse guère 5 %. Les betteraves sont généralement payées au poids à raison de 20 à 22 francs la tonne rendue usine. La fabrique donne en plus et gratuitement de la pulpe et de la mélasse. Elle donne aussi la graine ou la fournit à un prix réduit.

La récolte est plus élevée pour les grands domaines que pour les petites cultures. Elle se tient le plus souvent entre 15.000 et 21.000 kilos par hectare et souvent, dans les grands domaines, elle contient jusqu'à 17, 18, 19 et même 20 % de sucre.

Dans quelques fermes du Sud-Ouest et de l'Outre-Dniéper, qui produisent 20.000 à 22.000 kilos par hectare, le coût de production de l'hectare s'élève à 400 ou 450 francs. Dans les petites exploitations, il est généralement plus faible.

Certains grands domaines font un bénéfice de 50 à 55 francs environ par hectare de betterave et même un bénéfice de 50 francs par hectare pour l'ensemble de l'exploitation ;

13° Les graines de betteraves que l'on emploie proviennent de variétés françaises (Vilmorin) ou de variétés allemandes. Quand on ne les achète pas directement on les obtient par reproduction ou par sélection. Deux domaines que nous avons visités sont fort bien outillés pour faire la sélection et se livrer à des essais culturaux comparatifs. A cause du grand rapprochement des pieds en première année, les planchons sont petits et pendant l'hiver on les conserve en tas recouverts de 1 m. 50 de terre et de paillassons. La récolte de la graine se fait sur un même champ à plusieurs reprises suivant le degré de maturité des tiges. Les coefficients de germination peuvent être ainsi plus élevés et plus réguliers. On récolte 1.400, 1.800 et même 2.200 kilos de graines nettoyées par hectare. L'égrainage des tiges est fait avec une batteuse spéciale ;

14° Comme machines agricoles spéciales, nous avons vu en Russie :

a) Plusieurs machines à travailler et à nettoyer superficiellement la jachère et qui se ramènent toutes à un couteau horizontal ;

b) La déchaumeuse à disques ;

c) Le semoir combiné (nouveau modèle), déjà décrit ;

d) Une traîneuse à barres articulées ;

e) Une machine à mettre les betteraves en bouquets (peu employée). Elle prend les lignes en travers. (V. page 40.)

f) Une batteuse à blé qui, sous l'action d'un ventilateur, fait sortir la paille et l'envoie sur le tas par un tuyau *ad hoc*.

CONCLUSIONS

Les terres du tchernozème se prêtent admirablement à la culture de la betterave et à la production de la graine de betterave et, si on regarde la carte agricole de la Russie, on voit qu'il y a encore de grandes étendues de terre noire où la betterave à sucre n'est pas encore cultivée.

De même, dans le sud de la Pologne, il y a des terres argilo-siliceuses ou de limon qui pourraient en produire avantageusement.

La région betteravière russe peut donc s'agrandir beaucoup et elle s'agrandit déjà du côté de Moscou.

Le point faible de la région betteravière russe au point de vue du climat (Pologne exceptée), c'est la pénurie des pluies ; mais on réagit, dans une grande mesure, contre cet incovénient par un assolement et des façons aratoires appropriés.

Dans les grands domaines, les façons aratoires sont faites avec beaucoup de soin et la betterave est fort bien cultivée. Avec le peu d'engrais chimiques qu'on emploie, on obtient déjà des rendements de 20 à 22.000 kilos de betteraves par hectare. Les paysans favorisés par les nouvelles lois agraires qui commencent à entrer en application ne manqueront pas de suivre les exemples qu'ils voient près d'eux, et de ce côté, on peut s'attendre aussi à une augmentation des rendements. D'ailleurs, les deux dernières années, avec les récoltes élevées qu'elles ont données, avec les bénéfices qu'elles n'ont pas manqué de procurer aux planteurs, seront un puissant stimulant pour la production.

Il faut dire aussi que le ministère de l'Agriculture russe a maintenant un Institut de recherches agricoles qui est subventionné par l'Association des fabricants de sucre et qui possède un certain nombre de stations réparties sur les divers points de la région betteravière russe. Cet Institut, qui est dirigé par M. le Dr Frankfourth, étudie expérimentalement toutes les questions relatives à la culture de la betterave : engrais, façons aratoires, semences, etc. Grâce à l'activité de son directeur, il a déjà fait réaliser des progrès à la culture betteravière russe ; il ne manquera pas de continuer son œuvre.

L'Association des fabricants polonais, avec son laboratoire social, fait aussi des efforts dans le même sens.

Il y a trois autres points qui, en Russie, laissent un peu à désirer en ce qui concerne l'exploitation proprement dite : c'est le bétail, la production fourragère et les moyens de transports.

Si on compare le bétail russe au bétail français on voit que le bétail russe est très inférieur. Des croisements intéressants ont déjà été tentés mais, jusqu'ici, on n'a fait que des efforts isolés qui n'ont pas encore donné d'amélioration d'ensemble. Il y a quelques années, il s'est constitué en France une Association pour favoriser l'exportation du bétail français. Nous appelons son attention sur la Russie.

Quant à la production fourragère de la Russie, il sera peut-être possible de l'étendre et de l'améliorer, soit en perfectionnant encore les assolements et les façons aratoires, soit en faisant choix d'espèces culturales plus adéquates aux conditions climatologiques du pays. Sur ce point encore, des résultats ont déjà été obtenus, mais ils ne se sont pas encore généralisés. La Pologne, cependant, a déjà fait de grands progrès dans cette voie.

Les voies de communication par fer se multiplient de plus en plus ; mais étant donnée l'étendue de la région betteravière russe, elles ne pourront, sans grands frais, être aussi nombreuses qu'en France.

Pendant longtemps encore, la plupart des transports devront donc être effectués par les routes non empierrées qui sont véritablement défectueuses.

Malgré cela on peut dire que la Russie semble appelée à un grand avenir au point de vue de l'industrie sucrière. Elle peut augmenter sa production, non seu'ement en perfectionnant ses méthodes de culture, mais aussi en agrandissant la région betteravière. Elle n'aura pas besoin de faire de la culture très intensive pour devenir bientôt, et d'une façon régulière, le plus gros pays producteur de sucre de l'Europe et du monde.

DEUXIÈME PARTIE

Courte Monographie des Fermes visitées

Domaine de B. (Gouvernement de Kiew)

Le domaine de B... a une étendue de 110.000 à 120.000 hectares, dont 77.000 environ sont représentés par des terres comportant une exploitation de ferme, et le reste, par des forêts qui sont surtout des forêts de chênes.

Sur les 77.000 hectares de terres, soumis à l'exploitation agricole, il y en a 30.000 environ qui sont exploités pour le compte du propriétaire, et 47.000 qui sont divisés en 108 fermes de 400 à 1.200 hectares, louées à 108 fermiers.

Les prix de location consentis aux fermiers sont généralement plus faibles que les prix courants ; mais il y a des arrangements spéciaux au sujet des étendues de betteraves à cultiver dans chaque ferme et des prix à payer pour la betterave.

Le domaine possède en outre trois fabriques de sucre et une station de sélection de graines de betteraves. Il se livre à la production de la graine de betteraves.

Les terres de ce grand domaine offrent partout à peu près le même aspect : ce sont des terres du tchernozème, noires, argilo-sablonneuses, profondes, plutôt légères. Elles ne contiennent pas de cailloux. Elles sont très friables, et se laissent travailler facilement par les instruments.

Elles sont relativement très riches en potasse, en azote et en humus. On ne leur donne que du fumier, de l'acide phosphorique sous forme de scories ou de superphosphate, et souvent un peu de nitrate.

Assolement

L'assolement généralement adopté est le suivant :

1 Jachère ;
2 Blé ou seigle avec fumier ;
3 Betteraves à sucre ou à graines (avec scories, superphosphate et un peu de nitrate) ;
4 Céréales de printemps ;
5 Esparcette ;
6 Demi-jachère et pâture d'esparcette ;
7 Blé d'hiver ;
8 Betteraves ;
9 Céréales de printemps ;
10 Pois ou féveroles.

Donc, sur dix années, il y a deux soles de betteraves.

Pendant que nous sommes à la question assolement, nous pouvons dire tout de suite les quantités de semences qui sont employées par hectare :

Blé d'hiver............	100 kilos	Esparcette	155 kilos
Betteraves	35 à 40 kilos	Trèfle	22 —
Avoine en ligne ...	155 kilos	Luzerne	28 —
Avoine à la volée...	190 —	Carotte	8 —

Animaux de la ferme

Pour faire les travaux des champs, les fermes possèdent par 100 hectares de culture 12 chevaux et 6 paires de bœufs, soit environ 22 animaux par 100 hectares cultivés. On ne se sert pas de la charrue à vapeur. Les chevaux employés sont issus d'un croisement de cheval anglo-normand et de percheron. Les bœufs de trait appartiennent à la race des steppes ou à la race du pays. Les bœufs des steppes possèdent de grandes cornes et ont une robe gris-souris ; ils ont de fortes épaules, mais peu de culotte.

On n'entretient des vaches que pour les besoins domestiques : ce sont des vaches du pays. On cherche à les améliorer en faisant des croisements avec la race de Siementhal.

Les bœufs de travail destinés à être vendus sont quelquefois engraissés ; mais on ne considère pas que l'engraissement constitue une opération très avantageuse ; on y voit surtout un moyen d'avoir du fumier.

Culture de la betterave

D'après l'assolement indiqué plus haut, on voit que la betterave vient après le blé qui suit la jachère. On est d'avis que la betterave cultivée sur jachère est plus exposée aux atteintes du *phoma baetc*. Cela résulterait d'observations qui ont été faites depuis plusieurs années à la station de sélection du domaine. Le fumier est donné au blé de jachère qui précède la betterave et rarement à la betterave. On emploie toujours du fumier très fait, à raison de 2.400 pouds par déciatine. Cela représente environ 35.000 kilos par hectare.

Dès que les gerbes de blé sont rassemblées en tas, ou que la récolte est enlevée du champ, on fait un déchaumage avec un trisoc. Si on doit mettre le fumier sur la betterave, c'est à ce moment qu'on le met.

Le plus souvent on donne en même temps 20 pouds de scories, par déciatine, soit environ 328 kilos par hectare. Le gros labour vient ensuite. Il est fait au moyen de monosocs à rasette, attelés de 6 ou 8 bœufs. Il est souvent complété par un fouillage. Le labour et le fouillage portent sur une profondeur de 0 m. 35 environ, dont 0 m. 23 pour le labour proprement dit. On était en train de faire le gros labour au moment où nous sommes passés (fin août).

Sous l'action des froids très vifs de l'hiver (jusqu'à — 27°) et du grand nombre de jours de gelées, les terres se délitent et deviennnent très faciles à travailler ; au printemps, on fait les hersages et roulages habituels.

On sème le plus tôt possible, à raison de 35 à 40 kilos de graines par hectare. On se sert du « Semoir combiné », nouveau modèle de Vielwerth et Dédina déjà décrit.

Comme engrais de printemps, on emploie 22 à 23 kilos de nitrate de soude et 130 kilos de superphosphate à 18 % d'acide phosphorique.

Le semoir combiné sème d'abord le mélange de nitrate et de superphosphate, puis sur la même ligne, mais à une profondeur un peu plus faible, la dose de graines. En mettant ainsi l'engrais facilement assimilable à portée de la semence, on hâte la première végétation. Il ne faudrait pas en employer une trop grande quantité ; sinon il pourrait se produire, à la faveur du peu d'humidité du sol, une solution d'engrais trop concentrée qui serait nocive pour la jeune plante.

Pour parer à l'influence d'humidité du sol, on plonge les graines de betteraves dans l'eau, à la température ordinaire, avant de les semer. On les y laisse pendant sept jours. La proportion d'eau est portée peu à peu de 10 % à 80 %.

Le semoir combiné Vielwerth et Dédina, à Kiew, sème généralement sept lignes, et les lignes sont écartées d'environ 0 m. 38.

Inutile d'insister sur les façons aratoires qui suivent la semaille.

La récolte moyenne s'élève à environ 21.600 kilos de betteraves par hectare (120 betteraves de 12 pouds) à 17-20 % de sucre.

En 1910, elle a atteint exceptionnellement 25.200 kilos (soit 140 à 160 berkowetz par déciatine).

Les betteraves achetées en dehors du domaine sont généralement payées plus cher que celles venant du domaine.

L'usine donne en plus et gratuitement de la pulpe et de la mélasse et livre la graine à un prix très modéré·

La valeur du sol est d'environ 900 à 1.200 fr. par hectare, et la valeur locative représente à peu près 4,5 % du capital foncier.

Transports de betteraves

Les transports de betteraves, de sucre, de charbon, de pierre à chaux, se font de la même façon. Ils occupent les paysans et leurs attelages pendant des semaines et deviennent pour eux une source de gain.

Ainsi que nous avons pu le constater, en visitant quelques fermes du domaine, les routes dans la région sont généralement très larges (50, 60 à 70 mètres), mais elles ne sont pas empierrées. De mai à octobre, quand le temps est favorable, elles sont en bon état ; quand viennent les pluies ou la saison d'hiver, elles sont boueuses et on y avance difficilement.

C'est pendant l'été que se font généralement les transports de sucre de charbon, de pierre à chaux. Les transports de betteraves se font au moment des arrachages au fur et à mesure des besoins de la fabrication.

Voici quelques indications sur les transports de sucre, de charbon, auxquels nous avons assisté, et qui étaient faits par des paysans pour le compte du domaine.

A cause de l'état des routes, on est obligé de transporter de faibles quantités sur des voitures peu lourdes. La route qui était utilisée avait 50 à 70 mètres de large. On y voit plusieurs chemins ; mais les voitures ne suivent que les meilleurs. Elles transportent 50 à 60 pouds soit 700 à 900 kilogs, quelquefois moins. Elles sont attelées de deux petits chevaux du pays

Le prix payé pour le transport fait à 23 kilomètres de distance est de 3 c. 5 à 4 copecs par poud, soit environ 0 fr. 27 par tonne kilométrique.

Les voitures peuvent conduire du sucre à l'aller et ramener du charbon au retour.

Graine de betteraves

Le domaine produit de la graine de betteraves. Non seulement il en fournit aux cultivateurs qui livrent de la betterave à ses fabriques de sucre ; il en vend aussi dans le commerce.

Nous avons visité la station d'essais où se font les sélections et quelques champs de planchons et de graines de betteraves.

La station d'essais est fort bien installée. Elle fait non seulement des analyses de betteraves, mais elle organise aussi des essais culturaux pour suivre les résultats de la sélection, l'effet des engrais, etc. Elle fait aussi des observations météorologiques.

Quant à l'analyse chimique des betteraves, en vue de la sélection, les betteraves sont transpercées au moyen d'un forêt ou d'une sonde. Une fois le cylindre extrait (sonde) on le passe dans une presse-râpe qui est une combinaison de la presse Herles et de la presse Sans-Pareille. De la presse Herles, elle a le levier de pression et les plaques métalliques divisantes. De la presse Sans-Pareille, elle a la culasse cylindrique, sans tuyau d'écoulement pour le jus. Celui-ci est remplacé par une empoigne ou anse qui aide à placer la culasse dans sa gaine.

Les champs de planchons ont des lignes distantes de 38 cm. ; sur la ligne, les betteraves sont distantes de 15 à 18 cm. On part de petites betteraves pour produire les graines.

Pendant l'hiver, les betteraves qui deviendront des planchons sont conservées en silos recouverts d'une épaisse couche de terre. Cela est nécessaire pour les protéger contre les froids excessifs de l'hiver.

Au printemps, on les plante à un fort écartement.

La récolte des graines se fait en plusieurs fois pour un même champ. On ne récolte chaque fois que les tiges arrivées à maturité. On est ainsi plus certain d'obtenir des graines à coefficient de germination plus régulier et plus élevé.

Nous avons assisté à l'égrainage des tiges. Il est fait dans une batteuse mécanique.

Culture du blé

Le blé vient presque toujours après la jachère. On nettoie celle-ci au moyen d'une machine spéciale qui se compose d'un large couteau triangulaire dirigé en avant, avec, en arrière, une sorte de râteleuse qui entraîne les herbes coupées ou détachées. En soulevant la râteleuse à des distances égales, on rassemble les herbes sur le champ en lignes droites.

Après le labour et les façons aratoires ordinaires, on sème 6 à 7 pouds de blé par déciatine, soit environ 100 kilos par hectare. La récolte donne environ 110 à 120 pouds de grain par déciatine, soit environ 17 quintaux par hectare (23 quintaux en 1910).

Nous avons vu battre le blé ; on emploie une batteuse anglaise actionnée par une locomobile de 10 chevaux.

Les gerbes sont amenées à pied d'œuvre, par de petites voitures, puis passées dans la batteuse. Quant à la paille qui sort à l'autre extrémité, elle est placée sur un treillis rectangulaire en corde, qui est ensuite fermé par un crochet, puis traîné sur le sol par 5 chevaux jusqu'au tas de paille. Un gamin monte sur un cheval, ramène le treillis de corde au point de départ. Le travail de la batteuse était assuré par une quarantaine d'ouvriers.

Avoine

D'ordinaire, on récolte 110 pouds d'avoine par déciatine, soit environ 17 quintaux par hectare. Cette année, beaucoup de champs ont été grêlés et ne donneront que 60 à 80 pouds par déciatine, soit 10 à 12 quintaux. L'avoine se vendait 65 copecks le poud, soit environ 10 fr. 50 le quintal.

Main-d'œuvre

La main-d'œuvre est abondante dans le pays ; elle est surtout fournie par les paysans du voisinage ; mais, en général, l'ouvrier russe est moins actif que l'ouvrier français. Nous avons été frappés de voir le nombre des ouvriers ou ouvrières (hommes, jeunes filles, gamins) qui étaient employés au battage du blé, au battage des graines de betteraves, au nettoyage des graines. Beaucoup de travaux de nettoyage, de triage, qui, chez nous ou en Allemagne, sont faits avec des machines mues par moteurs, sont faits là-bas avec des appareils mus à bras.

Dans ces régions, les familles comptent généralement beaucoup d'enfants.

Les villages présentent un aspect particulier. Les maisons, construites en terre, ne comportent qu'un rez-de-chaussée mais pas d'étage. Elles sont couvertes d'un chaume épais formant quatre pans et qui est fort bien tressé aux arêtes et au faîte.

Nous avons pénétré dans une de ces maisons de village. Le rez-de-chaussée était divisé en deux parties : d'un côté les appartements ; de l'autre côté, l'étable. Les appartements comportaient quatre pièces, peu élevées de plafond et dont les murs étaient blanchis à la chaux. Le plancher était formé d'une sorte de béton. Pas de cloison ni de porte pour séparer les pièces de l'appartement ; pour isoler telle ou telle pièce, on mettait un rideau. Comme le paysan cuit son pain, il a un four dans sa maison et ce four occupe une place relativement grande dans l'appartement.

A côté de la maison est une cave creusée dans le sol ; on y met les légumes, les pommes de terre. A cause de la terre qui la recouvre, elle se maintient à une température relativement douce, même pendant les froids très vifs de l'hiver.

Une grange complète l'habitation : on y range les produits de la récolte.

Dans la maison, dans la cave, dans la grange, tout était propre et bien rangé.

Les maisons sont assez distantes les unes des autres, de sorte que les villages paraissent très étendus. Les rues sont très larges, mais ne sont pas empierrées. Les chevaux, les voitures s'y déplacent sans faire de bruit, même quand ils avancent à grande allure. Les chevaux du pays, quoique petits, sont de bons trotteurs. Leur longue queue, qu'on ne coupe pas, leur donne un aspect particulier. Les chevaux de trait ne portent ni bride, ni oreillère, ni collier proprement dit. Ils portent autour des épaules une sorte de bricole en chanvre tissé. On les conduit par un « surnez ».

Les paysans laissent aller leurs porcs dans les rues des villages.

Des routes non empierrées s'élèvent des tourbillons de poussière, quand elles sont sèches et que le vent souffle. Elles deviennent des marais de boue quand il pleut. En été, les femmes marchent pieds nus. En hiver, elles portent des bottes. Quand aux hommes, ils portent des bottes toute l'année.

La population est très religieuse et le pope a, en général, beaucoup d'influence sur elle. On fréquente beaucoup les offices ; et on fait une large place aux manifestations extérieures du culte orthodoxe. Les pèlerinages sont très en honneur ; la foi dans les icones est très profonde. Les fêtes religieuses sont nombreuses, plus nombreuses que dans la religion catholique proprement dite et elles sont très observées. Il en est même comme Pâques, l'Assomption, qui donnent lieu à plusieurs jours de chômage. Personne n'oserait travailler avant que la fête soit terminée. Tout cela amène de fréquentes interruptions de travail dans les fermes. Si on ajoute à cela que l'ouvrier russe donne un travail peu intense, et que souvent il boit trop d'eau-de-vie, on voit que l'abondance de main-d'œuvre ne donne pas, dans ces régions, les mêmes résultats qu'elle donnerait avec l'ouvrier français ou belge, dans les conditions actuelles. Le salaire des ouvriers s'élève à 50 copecs (soit 1 fr. 32) pour les hommes, 40 copecs (soit 1 fr. 06) pour les femmes et quelquefois 30 copecs (soit 0 fr. 80) pour les jeunes filles et les gamins, et on ne donne ni logement, ni nourriture. Quand il y a presse au moment des binages ou de la récolte, les salaires sont un peu plus élevés.

Frais de production

Voici quels sont les frais de production qui nous ont été indiqués par déciatine. Ils ne comprennent pas la valeur locative du sol, ni l'impôt, ni les frais généraux. Le prix du fumier n'est porté en compte que pour les frais de garde et de transport :

Betteraves à sucre	90 roubles, soit par hectare..Fr.				218 »
Blé ou froment	52 —	—	—	.....	126 »
Seigle	36 —	—	—	.....	87 50
Avoine	36 —	—	—	.....	87 50
Graine de betteraves ..	112 —	—	—	.....	297 »
Orge	25 —	—	—	.....	60 70
Lin	30 —	—	—	.....	73 »
Millet	24.5 —	—	—	.....	59 50
Fèves	31.5 —	—	—	.....	75 »
Vesces	33.5 —	—	—	.....	81 »

Les frais relatifs à la betterave se décomposent ainsi qu'il suit :

Gros labour.....	11 roubles par déciatine, soit Fr...				26 70	par hectare
Engrais chimiq..	10	—	—	—	24 30	—
Semences	10	—	—	—	24 30	—
Binages, démariage et autres travaux	30	—	—	—	72 90	—
Arrachage	15	—	—	—	36 50	—
Transport	14	—	—	—	34 »	—
Total	90	—	—	—	218 70	—

Quant aux prix des engrais, voici quelques indications :

Nitrate de soude : 30 fr. à 32 fr. les 100 kilos (soit 1 rouble 8 à 2 roubles le poud de 16 k. 4) ;

Superphosphate : 11 fr. 50 les 100 kilos à 18 % d'acide phosphorique, (soit 4 copecs par degré et par poud).

Engrais potassiques : 16 fr. 10 les 100 kilos à 30 %.

Scories à 13 % d'acide phosphorique : 6 fr. 94 les 100 kilos, soit 43 copecs par poud.

Domaine de S. (Gouvernement de Kiew)

Le domaine de S... est composé de 13 fermes dont l'étendue varie de 650 à 1.700 hectares. Elles représentent une étendue totale de 15.000 hectares dont 14.500 en terres soumises à un assolement.

Au domaine sont annexées une sucrerie et une raffinerie.

Terres

La plus grande partie des terres semblent de même aspect et compositions que celles que nous avons vues dans les autres régions betteravières ; elles sont profondes, de couleur noire, riches en humus, en azote et en potasse. Les essais culturaux qui ont été faits jusqu'ici montrent que les engrais phosphatés, scories et superphosphates, peuvent y donner des résultats avantageux.

Le domaine n'est cependant pas uniformément plat : dans quelques fermes il y a des accidents de terrain qui sont relativement très marqués. Cela amène naturellement de petites différences dans la qualité des terres ; mais on peut dire d'une façon générale que le sol est facile à travailler.

Conditions climatologiques

Pendant les 20 dernières années, il est tombé, et par an et en moyenne, 470 m/m de pluie dont 350 m/m pendant les sept mois de la végétation (avril à novembre).

En France il en tombe, dans les années moyennes, 700 à 800 m/m.

A S..., les étés sont en général très chauds et les hivers très froids (voir *généralités*). Ce sont bien là les caractéristiques du climat continental.

Assolement

L'assolement n'est pas le même pour toutes les fermes du domaine : il varie un peu de l'une à l'autre.

La jachère vient toujours après une céréale (orge, avoine, millet) et sur la jachère, on cultive, soit du blé, soit de la betterave. Le nombre des soles varie de 8 à 17 suivant les fermes. Voici d'ailleurs quelques-uns des types d'assolement qui sont en usage :

FERME A

1. Jachère.
2. Blé.
3. Betteraves.
4. Céréales de printemps.
5. Jachère.
6. Betteraves.
7. Mélange (fourrage).
8. Blé de printemps.
9. Jachère noire.
10. Betteraves.
11. Blé de printemps.

FERME B

1. Jachère.
2. Blé d'hiver.
3. Betteraves.
4. Avoine.
5. Jachère.
6. Betteraves.
7. Avoine.
8. Jachère.
9. Blé d'hiver.
10. Betteraves.
11. Orge.
12. Jachère.
13. Blé d'hiver.
14. Jachère.
15. Betteraves.
16. Millet.

FERME C

1. Jachère.
2. Blé d'hiver.
3. Betteraves.
4. Mélange.
5. Céréales d'hiver.
6. Jachère.
7. Betteraves.
8. Céréales de printemps.

FERME D

1. Jachère.
2. Betteraves.
3. Pois.
4. Blé d'hiver.
5. Avoine.
6. Jachère.
7. Blé d'hiver.
8. Betteraves.
9. Orge.
10. Avoine.

FERME E

1. Jachère.
2. Blé.
3. Betteraves.
4. Avoine fauchée.
5. Blé.
6. Jachère.
7. Betteraves.
8. Avoine.
9. Jachère.
10. Blé.
11. Betteraves.
12. Millet.

FERME F

<table>
<tr><td>1. Jachère.</td><td>7. Betteraves.</td></tr>
<tr><td>2. Blé.</td><td>8. Céréales de printemps.</td></tr>
<tr><td>3. Betteraves.</td><td>9. Jachère.</td></tr>
<tr><td>4. Mélange.</td><td>10. Blé d'hiver.</td></tr>
<tr><td>5. Blé d'hiver.</td><td>11. Betteraves.</td></tr>
<tr><td>6. Jachère 1/2 engrais.</td><td>12. Céréales de printemps.</td></tr>
</table>

Par le tableau qui précède, on voit déjà quelle proportion est réservée à la betterave, par rapport à l'étendue des terres emblavées.

Ainsi, pour l'ensemble des fermes A et B, qui constituent les deux parties d'une même exploitation et qui comprennent 1.228 déciatines (1 déciatine = 1 Hect. 09) (jachère comprise), il y avait en 1911 :

Betteraves à sucre..........	315,8 soit le 1/4 en betteraves
Seigle d'hiver	24
Blé d'hiver	238 déc. 7
Graines de betteraves......	3
Graines par planchon......	13
Orge	45
Avoine	130,7
Millet	39,5
Mélange (avoine et vesce)	110,8
Maïs et millet.............	4,8
Prairies ou non cultivées..	38,8
Jachère { pour blé	136,7
{ pour betteraves...	165,8

1228.0

Donc, sur une étendue de 100 hectares cultivés (jachère comprise), il y a dans les deux fermes :

En blé et seigle...............	21 %	des terres cultivées
En betteraves à sucre..........	25 %	—
En graines de betteraves......	1.3 %	—
En jachère	25 %	—
En prairies	8 à 9 %	—

Pour l'ensemble des fermes du domaine de S..., les différentes cultures occupaient, en 1911, les proportions suivantes :

Jachère	20 à 37 %	suivant les fermes
Blé d'hiver	17 à 33 %	—
Betteraves	15 à 27 %	—
Céréales de printemps..	15 à 20 %	—

En d'autres termes, sur les 13.840 déciatines comprises dans l'assolement, il y avait (1 déciatine = 1 Ha 09) :

En blé	2.616,21 déciatines, soit 19 %	
Seigle	205,4	
Betteraves à sucre..........	2.751,3 soit environ 20 %	
En graines de planchons....	140,13	161,22 soit 1,1 %
En graines de betteraves....	21,09	

Orge	641,1
Avoine	1.414 soit 10,5 %
Millet	360,19
Pois	667
Maïs	57
Lentille	48,50
Sarrasin	10
Blé de printemps............	59,75
Esparcette	126,6
Prairies artificielles	136,4
Mélange (avoine et autres)..	763,6
Maïs et millet...............	66,3
Prairie et terres non occupées	266,9
Jachère pour blé............	2.059,4
Jachère pour betteraves....	1.429,8
Terres louées pour y faire de la betterave.........	61,8

Somme toute, la betterave à sucre n'occupait en 1911 que le cinquième du domaine cultivé.

Il faut noter cependant qu'il y a une tendance de plus en plus marquée à louer des terres uniquement pour y cultiver la betterave. C'est ainsi qu'en 1911, le domaine de S... avait 62 déciatines, soit environ 70 Ha. de betteraves de cette provenance.

Comme dernier renseignement, nous ajouterons que souvent on met des pois sur la jachère.

Animaux de la ferme

On compte, en moyenne, 1 cheval et 2 paires de bœufs par 20 déciatines soit environ 23 animaux de trait par 100 hectares mis en assolement.

Les chevaux appartiennent à la race du pays ; ils pèsent environ 400 kilogs et coûtent environ 400 francs (150 roubles). On les revend quand ils sont déjà âgés et ne peuvent plus donner un travail rémunérateur. Le prix de vente est évidemment susceptible de variations : on nous a indiqué le chiffre d'environ 80 francs (30 roubles par cheval).

Les bœufs appartiennent à la race des steppes déjà décrite. On les emploie pendant quatre ou cinq ans comme animaux de trait, puis on les revend après les avoir engraissés légèrement.

L'engraissement qui est pratiqué à S... n'est pas un engraissement très intensif. Au moment où nous sommes passés (commencement de septembre), on voyait les bœufs pâturer les chaumes. On les envoie ensuite sur les champs de betteraves, après l'enlèvement des racines, pour y manger des feuilles. Enfin, on leur donne à l'étable, des pailles, des pulpes et des feuilles ensilées. A cause du prix élevé des tourteaux, on n'en achète pas pour l'engraissement.

Les pulpes et les feuilles sont ensilées soit ensemble (à raison de une couche de feuilles et une couche de pulpes), soit séparément. Les silos sont généralement creusés en terre : ils constituent des fosses plus ou moins profondes. On recouvre leur contenu avec de la terre. Au moment de notre passage, on utilisait encore des pulpes et des feuilles ensilées de la campagne précédente. Elles paraissaient fort bien conservées.

Les bœufs coûtent environ 200 francs par animal (soit 150 roubles la paire). Souvent on les revend moins cher, soit 140 roubles la paire, ce qui représente 186 francs par tête, soit un chiffre inférieur au prix d'achat.

Aussi le domaine de S... ne fait-il l'engraissement des bœufs de travail que dans les limites que lui permet l'utilisation des résidus des fermes et pour avoir du fumier.

Valeur du sol

Considérée en ferme, la terre vaut environ 1.000 francs par hectare (soit 400 roubles par déciatine) ; elle se loue 48 à 50 francs (20 roubles par déciatine), soit 5 % de la valeur foncière. Mais il faut distinguer entre ce prix de location en ferme et le prix de la location qui est payé pour les terres louées spécialement en vue de la culture de la betterave. Pour celles-ci, le prix de location va jusqu'à 80 et 100 francs par hectare (40 roubles par déciatine et par an).

Main-d'œuvre

La main-d'œuvre est abondante et coûte relativement peu cher. Il faut dire cependant que les ouvriers de la région donnent un travail moins intense que les ouvriers français. Au moment des binages, ils reçoivent 50 copecs par jour, soit 1 fr. 325, sans nourriture, ou 35 copecs soit 0 fr. 92 avec la nourriture.

Pour le démariage, ils reçoivent 10 copecs pour 160 sagènes carrées (la sagène = 2 m. 10), soit 6 fr. par hectare.

Quand les travaux sont pressants, les prix sont un peu plus élevés.

Culture de la betterave

D'après les exemples d'assolement qui ont été indiqués plus haut, on voit que la betterave à sucre vient sur jachère ou sur blé d'hiver.

Les comparaisons qui ont été faites à S... montrent que la betterave sur jachère donne plus de poids mais moins de richesse que la betterave sur blé ; le poids du sucre obtenu par hectare est à peu près le même dans les deux cas.

Qu'il s'agisse de blé ou de betteraves à mettre sur la terre en jachère, celle-ci reçoit toujours du fumier à la fin de l'été. On lui en donne environ 2.400 pouds par déciatine, soit environ 35.000 kilogs par hectare.

Le gros labour pour betteraves est fait à la fin de l'été ou au commencement de l'automne.

Quand la betterave vient après le blé, on fait un déchaumage aussitôt que la récolte de blé est terminée. Si même le mauvais temps empêche d'enlever les meules de gerbes, on fait le déchaumage entre les lignes de gerbes. Souvent on se sert de la déchaumeuse à disques, qui comporte six disques de 35 cm. de diamètre placés de chaque côté et distants de 0 m. 18, mais cependant pas toujours ; on emploie aussi des trisocs ordinaires.

Le gros labour sur blé est fait dans le domaine après le gros labour sur jachère. Beaucoup d'attelages y étaient occupés au moment où nous sommes passés (commencement de septembre).

Dans un cas comme dans l'autre, on lui donne une profondeur de 0 m. 28 à 0 m. 30. Il est fait au moyen d'un monosoc pourvu de rasette et attelé de 3 à 4 couples de bœufs. Rien qu'à regarder les animaux avancer, on voyait qu'ils n'avaient pas à faire un grand effort de traction.

Sur une autre partie du domaine, nous avons vu en marche une charrue à vapeur. Le champ avait été loué pour y faire de la betterave. On y avait cultivé des pois en 1911. C'est la charrue Fowler qui était employée. Elle travaillait sur une longueur d'environ 350 mètres. Six hommes en assuraient le fonctionnement : deux placés sur la charrue et deux sur chacune des locomobiles. L'eau nécessaire était amenée au moyen de tonneaux placés sur de petites voitures. Les six socs labouraient une largeur de 2 m. 70 à 0 m. 30 de profondeur, soit environ 109 ares par heure. Cela représente une vitesse de 4 kilomètres à l'heure, y compris les virements à chaque extrémité de la piste. On estime que les deux locomobiles consomment environ 1.000 kilos de charbon par jour.

Après le gros labour, les terres sont laissées en l'état jusqu'au printemps.

Inutile de rappeler que les froids très vifs de l'hiver (— 25° à — 27°) continuent peu à peu le travail d'ameublissement commencé par le gros labour. En même temps, les arêtes des sillons s'atténuent, les vides éventuels de la couche arable se comblent et celle-ci devient homogène comme tassement.

Au printemps, les façons à faire pour préparer la semaille sont faciles : un coup de scarificateur, deux coups de herse, un roulage et c'est tout.

Nous avons vu des traîneuses ; elles sont plus légères que celles que l'on emploie en Allemagne et elles sont articulées. On s'en sert rarement. Comme rouleau, on emploie souvent une sorte de rouleau diviseur, qui se compose de deux éléments cylindriques en bois, portant des dents radiales en fer de 6 cm. de longueur et 2 cm. de largeur, le tout développant, en tournant, un cylindre d'environ 0 m. 40 de diamètre. Sur l'axe du rouleau est fixé un cadre rectangulaire dont les deux côtés longitudinaux portent des dents en fer parallèles à celles du rouleau et qui nettoient ces dernières pendant la marche.

On sème aussitôt que possible. Le semoir le plus employé est le semoir combiné qui sème en même temps et suivant la même ligne, d'abord l'engrais puis la graine.

Comme engrais, on emploie au printemps : par déciatine, 12 pouds de superphosphate et 2 pouds de nitrate, soit, par hectare, 180 kilos de superphosphate et 30 kilos de nitrate de soude. Le semoir sème 7 lignes distantes de 9 werchocs = 4 c'm 5), soit 40 c m.

Le domaine de S... possède deux systèmes de semoir combiné : l'ancien et le nouveau. L'ancien semoir place d'abord le mélange d'engrais à 1 werchoc 5, c'est-à-dire à 6 c'm 7 de profondeur ; deux fers viennent ensuite et poussent un peu de terre sur l'engrais. Les graines sont donc déposées sur la terre poussée par les fers. A leur tour elles sont recouvertes de terre par deux pièces analogues quoique de construction différente, qui ferment la marche du semoir. Avec le nouveau semoir combiné, l'engrais et la graine arrivent dans le sol par des tubes différents placés l'un derrière l'autre. Après les tubes distributeurs, viennent, pour chaque ligne, deux petits socs, qui, chacun de son côté, poussent un peu de terre sur la ligne d'engrais et de semences. Il n'y a pas, comme en Allemagne, de petits rouleaux en fonte pour presser sur les lignes de semences.

On donne la préférence au semoir nouveau modèle. Nous avons déjà indiqué pourquoi la dose d'engrais à enfouir en même temps que la semence ne doit pas être trop élevée ; inutile d'y revenir.

Les façons qui suivent ne présentent rien de particulier. Nous citerons seulement une petite bineuse à main qui est souvent employée. C'est une bineuse à deux fers très plats, pouvant être poussée en avant ou tirée d'arrière en avant. Comme l'ouvrier n'aime pas jouer le rôle de moteur et de bineur, on facilite son travail en attelant à un même palonier cinq houes. qui sont traînées par un cheval. Tout l'équipage comprend donc : cinq bineuses à main, cinq hommes, un cheval et un gamin pour conduire le cheval.

On se sert très peu de la houe à cheval proprement dite. En général, le placement des bouquets et le démariage se font au même moment ; mais quand il y a des insectes — ce qui arrive souvent en cas de pluie insuffisante — on met d'abord les bouquets en place. Des ouvrières passent ensuite qui font le démariage proprement dit. On laisse sur les lignes, un plant, tous les 20 à 25 c/m. Étant donné l'écartement habituel des lignes (0 m. 40), cela représente par hectare 100.000 à 120.000 pieds.

Au cours de nos visites en automobile, à travers champs, nous nous sommes souvent arrêtés pour voir l'état de développement des betteraves ; les racines étaient généralement régulières, pivotantes et non racineuses ; elles portaient un feuillage abondant. Elles n'étaient pas encore arrivées à maturité, mais beaucoup pesaient déjà environ 250 grammes. Malgré le nombre élevé de plants qu'on avait laissés par hectare, il y avait peu de manquants dans les champs. On ne voyait pas de betteraves montées à graines, peut-être parce qu'on coupe de bonne heure les tiges qui apparaissent.

L'arrachage a lieu dès la fin de septembre. Il est fait à la main. Rarement on se sert d'arracheuses. Nous en avons cependant vu une à S... Elle ressemble à une arracheuse de pommes de terre. La pièce principale est constituée par un soc qui passe entre les lignes de betteraves.

Pendant les dernières années, on a récolté, en moyenne, 115 berkowetz par déciatine, soit environ 20,700 kilos de betteraves à 17 % de sucre, par hectare. L'année dernière (1910), la récolte s'est élevée à 138 berkowetz par déciatine, soit environ 24,500 kilos par hectare.

Quant aux betteraves achetées, elles sont payées, rendues usine, 1 r. 7 à 1 r. 85 par berkowetz, soit 23 francs à 25 francs par tonne. Il n'est donné ni pulpe ni mélasse. Les fournisseurs qui veulent en avoir doivent payer :

Pour la pulpe : 1 c. 5 à 2 copecs par poud de 16 k. 4, soit 2. 40 à 3 fr. 20 par tonne ;

Pour la mélasse : 25 à 35 copecs par poud, soit 4 fr. 10 à 5 fr. 60 par 100 kilos.

Les betteraves sont généralement très propres au moment de la livraison ; à titre de tare ou déchet, et pour avoir le poids à payer, on retranche 6 % du poids brut.

Les frais de production de l'hectare de betteraves s'élèvent à environ 380 francs par hectare (160 roubles par déciatine), non compris la valeur locative du sol, qui s'élève à environ 50 francs, et l'impôt foncier, qui s'élève à environ 3 fr. 60 par hectare.

Graines de betteraves

Le domaine de S... achète tous les ans de la graine allemande. Cette graine, semée au printemps, donne en première année des planchons qui, pendant l'hiver, sont conservés en silos recouverts d'une épaisse couche de terre. En deuxième année, on les plante à la façon habituelle et on obtient de la graine qui sert pour le domaine ou qui est livrée aux fournisseurs.

Au cours de notre visite à travers le domaine, nous avons vu des champs destinés à produire les planchons et des champs de planchons destinés à produire la graine. Dans les premiers, les lignes sont distantes de 0 m. 40 ; sur chaque ligne, on laisse, au démariage, une betterave tous les 13 ou 14 cm. (3 werchocs). On obtient ainsi des planchons de faible poids.

En deuxième année, les planchons sont plantés dans le champ à une distance de 0 m. 60 à 0 m. 70.

Pour un même champ de graines de betteraves la récolte se fait à plusieurs reprises suivant le degré de maturité des tiges. Une fois celles-ci coupées et séchées, on en sépare les graines au moyen d'une batteuse spéciale que nous avons vue en fonctionnement. Le battage à la machine donne évidemment des graines plus impures que le battage à la main : elles sont surtout accompagnées d'un grand nombre de morceaux de tige. Pour les nettoyer, on les passe dans un van, puis à travers des tamis à mailles longues.

On obtient environ 1.600 à 2.000 kilos de semences nettoyées par hectare.

Autres cultures

On récolte 130 à 140 pouds de blé par déciatine, soit 20 quintaux par hectare et le prix du blé est d'environ 1 r. 20 le poud, soit 18 fr. 20 les 100 kilos.

L'avoine donne 120 à 125 pouds par déciatine, soit 18 quintaux environ qui peuvent être vendus, à raison de 13 à 14 francs les 100 kilos.

Le millet donne 130 pouds par déciatine soit 20 quintaux par hectare et vaut 70 copecs le poud, soit 11 à 12 francs les 100 kilos.

Institutions d'éducation et de prévoyance

Au cours de notre visite dans les fermes, nous avons pu voir un dispensaire où sont donnés des consultations et des soins gratuits. Le domaine entretient en outre une école primaire pour les enfants des ouvriers ; une école technique pour les enfants des employés. Il y a une compagnie de pompiers, etc.

Domaine de T... (Gouvernement de Charkow)

Le domaine de T... se trouve dans le gouvernement de Charkow. Il a une étendue d'environ 25.000 hectares qui se répartissent de la façon suivante :

1° En forêts	12.950	hectares
2° Terres occupées par les fabriques et bureaux.	738	—
3° Terres en fermes	11.082	—
Total	24.770	—

Les terres de fermes se décomposent de la manière suivante :

Terres de labour	8.487	hectares
Prairies fauchables	1.618	—
Pâtures	392	—
Champs irrigués	40	—
Emplacement des constructions, pièces d'eau, chemins, terres non utilisables ou boisées	545	—
Soit, au total	11.082	hectares

Dans le domaine, nous avons visité également une sucrerie et une raffinerie (v. 3ᵉ partie), une scierie mécanique de bois de chêne complétée par une sécherie, un moulin à vapeur, etc.

La région où se trouve Charkow appartient au climat continental. Il y pleut relativement peu (400 à 420 m/m par an) ; il y fait très froid en hiver. Enfin il faut ajouter que les vents des steppes se font sentir quelquefois pendant plusieurs semaines au printemps et enlèvent encore de l'humidité à la terre.

Voici les quantités de pluie qui sont tombées annuellement à T... pendant les années 1901-1909 :

1901	413
1902	480
1903	414
1904	341
1905	486
1906	469
1907	480
1908	329
1909	333

Moyenne annuelle : 420 m/m.

Les terres du domaine sont pour la plupart des terres noires profondes, riches en humus et en azote. Elles se laissent travailler facilement par les instruments aratoires. Sur l'un des champs, on a creusé, en notre présence, un trou de 0 m. 70 à 0 m. 80 de profondeur. La consistance de la terre était la même sur toute la hauteur. A peine voyait-on un petit changement de teinte à partir de 0 m. 50 de profondeur. Même la terre du fond extraite à la pelle se divisait, s'émiettait sous la simple pression des doigts. Les instruments aratoires en travaillant la terre, élargissent les canaux capillaires et rendent plus difficile l'ascension de l'eau qui est contenue dans les couches profondes. Comme, d'autre part, la terre du sous-sol n'est pas compacte et n'oppose pas grande résistance à la croissance de la betterave, la question se pose de savoir, si avec de telles terres et la pénurie de pluies, les labours profonds sont très avantageux pour le régime de l'eau dans la couche arable.

Ces terres semblent suffisamment riches en azote et en potasse. On ne leur donne que de l'acide phosphorique, soit sous forme de scories, soit sous forme de superphosphate. Quelquefois cependant, on donne un peu de nitrate pour activer la première végétation.

L'assolement adopté est le suivant :

1° Jachère ;
2° Blé ou céréales d'hiver avec fumier ;
3° Betteraves ;
4° Céréales de printemps.

Voici d'ailleurs le nombre d'hectares approximatif qui est réservé chaque année, aux principales cultures :

Jachère	1.960	hectares
Betteraves à sucre	1.906	—
Graines de betteraves	13	—
Graines issues de planchons	102	—
Pommes de terre	150	—
Blé d'hiver	1.623	—
Seigle d'hiver	524	—
Blé de printemps	1.023	—
Avoine	524	—
Seigle de printemps	16	—
Millet	125	—
Mélange (vesces et avoine)	232	—
Moutarde, vesces et autres... 25 à	30	—
Champ d'expériences	2.8	—

Si on rapproche les principales cultures de l'assolement, on a :

Jachère	environ	2.000	hectares
Céréales d'hiver (blé et seigle)...		2.150	—
Betteraves et pommes de terre ...		2.170	—
Céréales de printemps (blé, avoine)		1.584	—

Le reste en cultures diverses et fourragères.

Fumures

Le fumier est généralement employé pour les céréales d'hiver, c'est-à-dire pour le blé et le seigle.

Le domaine produit à peu près les trois quarts du fumier dont il a besoin ; il achète le reste.

Le prix de revient du fumier (produit dans la ferme) est d'environ 2 fr. 10 à 2 fr. 15 la tonne, dont un peu plus de la moitié pour la préparation et la conservation, et un peu moins de la moitié pour le transport sur le champ. Le fumier acheté, au dehors, revient à peu près au même prix (soit 2 fr. 11 par tonne).

Chaque année, en vue de la culture du blé, on répand du fumier sur environ 1.600 hectares. La dose employée est d'environ 31.300 kilos par hectare.

Chaque année également, toujours en vue de la culture du blé, on répand des écumes de défécation sur environ 500 hectares, à raison de 17.500 kilos par hectare. A ces écumes, on attribue un prix de revient de 2 fr. 60 la tonne.

Le prix moyen de la fumure est donc de 75 francs par hectare.

Le rendement par hectare de blé et de seigle varie suivant les variétés. Il s'élève à environ 110 à 130 pouds par déciatine, soit 17 à 19 quintaux par hectare. Le blé de printemps donne environ 12 à 13 quintaux.

La betterave suit généralement la céréale d'hiver. Elle bénéficie donc d'une partie du fumier qui a été employée pour celle-ci. En plus, on lui donne au printemps, au moyen du semoir combiné :

18 à 20 kilos de nitrate (1 p. 21 par déciatine)

100 à 110 kilos de superphosphate à 18 % d'acide phosphorique (17 p. de superphosphate par déciatine).

Cela fait une dépense d'environ 18 francs par hectare.

Aux betteraves destinées à donner des planchons, on donne :

90 à 100 kilos de nitrate (6 p. 15 par déciatine) ;

2'0 kilos de superphosphate (14 pouds de superphosphate par déciatine).

Cela fait une dépense d'environ 50 francs par hectare.

Aux planchons destinés à produire de la graine, on donne :

65 kilos de nitrate (4 p. 07 par déciatine) ;

125 kilos de superphosphate (8 p. 37 par déciatine).

Cela représente une dépense moyenne de 32 à 34 francs par hectare.

Aux pommes de terre, on donne :

15 pouds 09 de superphosphate, soit 227 kilos par hectare. Cela représente 23 à 24 francs par hectare.

On n'a recours ni aux engrais verts ni au chaulage proprement dit (avec de la chaux vive).

Animaux du domaine

Avec ses 8 fermes, dont l'une fait de l'élevage, le domaine possède :

a) En bêtes d'attelage : 917 bœufs et 333 chevaux, soit environ 15 animaux par 100 hectares cultivés ;

b) 287 bêtes à cornes (taureaux, vaches laitières, jeunes taureaux, veaux) ;

c) 148 étalons, juments et poulains ;

d) 712 porcs, truies, cochons de lait, cochons en engraissement ;

e) 81 brebis, moutons et agneaux ;

f) 1.500 bœufs à l'engraissement.

Les valeurs attribuées à ces animaux, non compris les bœufs à l'engrais, étaient les suivantes (1er mars 1909) :

Bœufs de labour	291.282 francs
Chevaux de labour	143.317 —
Pour le reste	195.569 —
Soit au total	630.168 francs

Cela fait, par hectare, environ 60 francs de bétail, chevaux et porcs. Quant aux bœufs destinés à l'engraissement, le domaine en produit environ 21 % et en achète environ 79 %.

Voici quelques données relatives à l'engraissement (moyennes des dix années 1898-1908) :

Nombre des bœufs engraissés par an (achetés ou non)	1.500 environ
Poids moyen au commencement de l'engraissement	528 k. 5
Poids moyen à la fin de l'engraissement	645 k. 8
Augmentation de poids pendant l'engraissement	117 k. 8
Nombre de jours de l'engraissement	134 jours
Prix d'achat moyen d'un bœuf maigre	196 francs
Prix de vente moyen d'un bœuf engraissé	308 fr. 50
Prix de revient moyen d'un bœuf gras (achat compris)	303 francs
Bénéfice moyen par bœuf	5 fr. 50
Prix des 100 kilos de poids vif à l'achat	37 fr. environ
Prix des 100 kilos de poids vif à la vente	47 fr. 7

Voici quelques chiffres se rapportant à l'année 1908 :

Poids moyen des bœufs maigres	500 k.
Poids moyen des bœufs engraissés	610 k.
Prix des 100 kilos de poids vif à l'achat	45 francs
Prix des 100 kilos de poids vif après l'engraissement	58 fr. 40
Prix de revient de l'engraissement (116 jours)	102 fr. 20
Bénéfice donné par l'engraissement	30 fr. p. anim.

Pour d'autres années, l'engraissement a donné lieu à des pertes. De toute façon, on ne compte, comme prix de revient du fumier, que les frais de garde et de transport.

Il est à noter que le prix des bœufs et le prix de revient de l'engraissement ont augmenté de 1898 à 1908. Les chiffres qui précèdent le montrent suffisamment.

Voici les quantités de fourrages qui sont employées pour engraisser un bœuf (moyennes de 11 années 1898-1908) :

Son	264 kilos
Rebuts d'orge et de maïs	150 —
Foin	330 —
Paille et balles	745 —
Mélasse	295 —
Pulpe	6.450 —
Espèce de navet	330 —
Tourteau	232 —
Drêche de pommes de terre	1.462 —

La nourriture des bêtes d'attelage coûte, par jour de repos :

    Avec les chevaux .... 1 fr. 11
    Avec les bœufs .... 1 fr. 28

Par jour de travail :

    Avec les bœufs..................... 2 fr. 46
    Avec les chevaux................... 1 fr. 52

Les bœufs travaillent en moyenne 210 jours par an et les chevaux 277 jours.

Voici ce que consomme par an un bœuf ou un cheval de travail :

	Bœuf	Cheval
Son	200	590
Avoine	néant	1.300
Foin	1.150	1.640
Paille et balles	1.640	1.400
Mélasse	885	590
Pulpe	8.200	—
Drêches de pommes de terre	1.300	880
Tourteaux	3.600	—

La ferme de T... a fait des comparaisons entre le prix de revient du travail animal par bœufs et chevaux et le prix de revient du travail mécanique par moteur à vapeur. De cette comparaison, qui a porté sur onze années (1898-1908), ressortent les chiffres suivants :

	Traction animale	Traction mécanique
Labour pour enfouir les engrais....	13 fr. 17	19 fr. 39
Labour profond pour la betterave..	29 fr. 45	35 fr. 42
Labour pour céréales.............	11 fr. 17	17 fr. 95
Déchaumage	5 fr. 37	11 fr. 42

La proportion que représente dans le domaine chacun des labours est la suivante :

Labour pour engrais..................	93,7 %	6,3 %
Labour profond pour betteraves......	81,0 %	19,0 %
Labour pour déchaumage	93,8 %	6,2 %
Total.....................	91,0 %	9,0 %

Ces différences s'expliquent par les différences de prix de revient.

Machines et matériel agricole

Le domaine possède une charrue à vapeur, des charrues, semoirs, rouleaux, des faucheuses, moissonneuses, batteuses, trieurs, etc.

Ces machines étaient estimées (1er mars 1909) à 408.971 francs, qui se décomposent ainsi qu'il suit :

a) Charrue à vapeur.............. Fr.	31.374
b) Batteuses et accessoires.........	54.166
c) Le reste	323.427
Total............. Fr.	408.967

Cela représente une valeur de :

    4.800 francs pour 100 hectares de labour.
    Soit 3.662 francs pour 100 hectares d'ensemble.

Main-d'œuvre

On trouve facilement de la main-d'œuvre dans le pays ; mais, ici encore, les ouvriers russes semblent donner un travail moins intense que les ouvriers français. Au surplus, les fêtes religieuses, beaucoup plus nombreuses qu'en France, donnent lieu à des chômages qui, pour les fêtes de Pâques, de Noël par exemple, durent souvent plusieurs jours, c'est-à-dire plus longtemps que la fête religieuse proprement dite. Et les ouvriers qui seraient tentés de reprendre le travail n'osent s'y décider : s'il arrivait un malheur dans le village, on les accuserait de l'avoir provoqué par leur irréligion. Dans les monde des ouvriers on fait une grande consommation d'eau-de-vie ; c'est d'ailleurs la seule boisson dont on use couramment. Souvent même on en abuse.

A cela, il faut ajouter encore les pèlerinages qui sont très nombreux pendant la belle saison, les fêtes de l'empereur, des membres de la famille impériale, etc.

La somme totale dépensée annuellement pour la main-d'œuvre a été, en moyenne, pour les années 1904-1908 :

a) Pour la main-d'œuvre ordinaire y compris les aliments en nature............................	746.367
b) Pour les travaux à forfait : Arrachage et transport des betteraves............................	249.816
Pour les autres travaux dans les champs..........	185.500
En nature	26.500
Soit au total..................	1.208.183

Soit par 100 hectares de labour	142 fr. 30
Soit par 100 hectares (de toutes les fermes)............	109 fr. 02

Somme toute, le salaire moyen des ouvriers à la journée, y compris les aliments en nature, s'élève à 45 copecs, soit 1 fr. 21 ; mais tous les ouvriers ne sont pas également payés.

Les ouvriers habiles reçoivent 70 copecs, soit 1 fr. 95 en argent ; les journaliers, 34 copecs, soit 0 fr. 90 en argent ; les manœuvres, 30 copecs, soit 0 fr. 80 en argent.

La nourriture coûte par jour 21 c. 5, soit 0 fr. 57.

Si on rassemble les dépenses de main-d'œuvre et de travail animal on arrive aux chiffres suivants :

Par hectare cultivé.....	142.30	39.24	181 54
Par hectare de ferme....	109.02	30.60	139.60

Culture du blé

Le blé vient sur jachère et reçoit le fumier. Nous avons vu biner la jachère avec un « cultivateur » spécial qui porte six couteaux dont la partie active est horizontale. Les paysans fournissent les bœufs d'attelage et les enfants qui les conduisent. Ils reçoivent pour ce travail 1 rouble 25 par déciatine, soit 3 francs par hectare. Un attelage peut travailler 2 déciatines, soit 2 hect. 18 par jour.

Quelquefois, on donne des scories au blé ; mais le plus souvent on les emploie pour la betterave qui suit le blé. On sème environ 75 kilos de blé par hectare, ce qui est très peu.

Les récoltes de blé s'élèvent à environ 120 à 130 pouds par déciatine, soit 18 à 20 quintaux par hectare.

Nous avons vu battre le blé avec une batteuse mécanique actionnée par un moteur de 20 chevaux. A cause du danger d'incendie, la batteuse est placée à une certaine distance des tas de gerbes. Les gerbes sont amenées à pied d'œuvre sur de petites voitures attelées d'un cheval. La paille est entraînée sur le tas au moyen d'un élévateur mécanique. Une quarantaine d'ouvriers assurent la marche du travail.

Un peu plus loin nous assistons au nettoyage du grain· Ce travail est fait par tarares trieurs, mus à la main· Les grains de blé nous semblent petits par rapport aux grains des variétés françaises.

Culture de la betterave

La betterave vient après le blé. Elle ne reçoit pas de fumier. Après le déchaumage qui suit la récolte du blé et qui est fait aussitôt que possible, on répand environ 300 kilos de scories, puis on fait le gros labour. De nombreux attelages y étaient occupés au moment de notre visite (fin août). La charrue qui est un monosoc à rasette, est traînée par six ou huit bœufs que conduisent deux gamins. Comme les pièces de terre sont très longues et très étendues, de nombreux attelages peuvent être occupés dans le même champ. La terre est facile à labourer et les bœufs avancent sans effort apparent. On laboure jusqu'à 25 ou 30 c/m de profondeur.

Les terres pour betteraves restent ainsi en l'état jusqu'au printemps suivant, c'est-à-dire depuis la fin d'août au commencement d'avril. A cause des froids très vifs de l'hiver, qui vont quelquefois jusqu'à — 29°, et du nombre de jours de gelée qui est très grand, elles se délitent, s'ameublissent encore davantage et deviennent plus faciles à travailler.

Au printemps, on donne un coup d'extirpateur spécial, puis des coups de rouleau, alternant avec des hersages. Pour la semaille, on emploie le semoir combiné de Vielwerth et Dedina, qui sème en même temps, quoique à des profondeurs un peu différentes, d'abord un mélange de nitrate et de superphosphate (22 kilos de nitrate 130 kilos de superphosphate), puis la graine (35 à 40 kilos par hectare).

Les façons aratoires après la semaille ne présentent rien de particulier.

Voici quels ont été les rendements en betteraves du domaine pendant les années 1897-1910 :

	Récolte par hectare	Jus de pression		
		Densité du jus de pression	Sucre p. 100 gr.	Pureté
Années 1897-1901 (5 ans)	19.700	8,33	17,85	88,26
Années 1902-1906 (5 ans)	23.900	9,06	19.49	89,20
Année 1910	27.700	9,42	20,41	93,07

Les observations météorologiques que fait le domaine, montrent qu'il y a une relation très étroite entre l'importance de la récolte et la pluie tombée chaque année.

Voici quelques chiffres qui renseignent à ce sujet :

ANNÉES	Récolte par hectare (en betteraves)	Pluie tombée		
		de nov. à mars en m/m	d'avril à octobre en m/m	Total en millimètres
1902	23.958	107.5	400.9	508.4
1903	23.040	79.3	314.9	394.2
1904	21.240	100.5	239.7	340.2
1905	27.468	101.6	415.7	517.3
1906	24.264	70.3	320.8	391.1
1907	23.328	148.2	374.1	522.3
1908	24.750	104.	260.7	364.7
1909	17.118	69.6	215.6	285.2

C'est l'année 1907 qui, avec ses 522 m/m d'eau, a donné les plus gros rendements ; c'est l'année 1909 qui, avec ses 285 m/m d'eau, a donné les plus faibles. (Les années 1910 et 1911 ne sont pas comprises.)

Graines de betteraves

Le domaine produit les graines dont il a besoin. Il part soit de planchons analysés, soit de semences d'élite qui lui sont fournies, chaque année, par une maison allemande. Voici l'étendue qui est réservée annuellement à ces productions : 102 hectares pour les graines issues de planchons achetés et 13 hectares pour les semences issues de graines. La quantité de semences obtenues par déciatine varie entre 94 et 134 pouds ; elle se tient le plus souvent entre 100 et 110 pouds, soit entre 1.500 et 1.600 kilos par hectare. En 1904 et 1907, elle a atteint 130 et 134 pouds par déciatine, soit 1.950 et 2.010 kilos par hectare.

Ainsi que nous avons pu le voir, la récolte d'un même champ est faite à plusieurs reprises, suivant le degré de maturité des graines portées par chaque tige. Cela permet d'avoir des graines plus uniformes comme maturité et comme coefficient de germination.

On égraine les tiges au moyen d'une batteuse spéciale et on les nettoie ensuite.

Rendements des autres plantes de culture

De 1902 à 1909, c'est-à-dire pendant ces huit années :

La récolte de seigle d'hiver a oscillé entre 9 qtx 6 et 23 quintaux ;

La récolte de blé d'hiver a oscillé entre 10 qtx 3 et 31 qtx 9 ;

La récolte de blé de printemps a oscillé entre 2 qtx 8 et 20 qtx 4 ;

La récolte d'avoine a oscillé entre 8 qtx 5 et 20 qtx 5 ;

La récolte d'orge a oscillé entre 2 qtx 76 et 22 qtx 5 ;

La récolte de millet a oscillé entre 12 qtx 8 et 20 quintaux ;

La récolte de maïs a oscillé entre 14 qtx 9 et 29 qtx 5 ;

La récolte de graines de betteraves a oscillé entre 10 qtx et 20 qtx 10.

Ces différences très grandes de rendement s'expliquent par les différences très grandes dans les quantités de pluie tombées.

Quant aux vaches, qui sont de race hollandaise importée sous Pierre le Grand, elles ont donné, en moyenne, pendant les onze années 1897-1908, 2,260 litres de lait à 3,38 % de matières grasses.

Domaine de Ch... (Podolie)

(1 déciatine = 109 ares)

Les deux domaines de Ch... et de T... sont situés dans la Podolie. Ils ont une étendue d'environ 12.000 déciatines, dont environ la moitié en forêts. Chacun de ces domaines est divisé en deux ou trois fermes qui représentent environ 6.000 déciatines de terres cultivées ou soumises à un assolement.

Les conditions climatologiques de la région ont été indiquées dans les généralités de ce travail (V. p. 19) : inutile d'y revenir.

Quant aux terres, elles diffèrent comme propriétés physiques et chimiques de celles que nous avons vues dans les domaines des gouvernements de Kiew et de Charkow. La plupart sont des terres argilo-siliceuses ou plutôt argileuses. Beaucoup peuvent être classées parmi les terres fortes.

Jusqu'ici, dans les deux domaines de Ch... et de T...,on n'a employé que peu d'engrais chimiques et le fumier est resté l'engrais presque exclusif ; on a déjà fait de nombreux essais au sujet de leur emploi et on arrivera bientôt à des conclusions pratiques.

Voici l'assolement qui est adopté dans les trois fermes du domaine de Ch... :

FERME A

1. Jachère avec fumier.
2. Blé d'hiver et un peu de seigle.
3. Betteraves.
4. 1/2 Avoine et 1/2 trèfle.
5. 1/2 Fèves et 1/2 trèfle.
6. Jachère non fumée.
7. Blé d'hiver.
8. Jachère.
9. Betteraves.
10. Orge.

FERMES B ET C

1. Jachère avec fumier.
2. Blé d'hiver.
3. Betteraves.
4. Avoine, avec trèfle sur la moitié.
5. 1/2 Fèves et 1/2 trèfle.
6. Jachère.
7. Blé d'hiver.
8. Jachère.
9. Betteraves.
10. Orge.
11. Pois Victoria.

Quant au domaine de T... il pratique l'assolement suivant :

<table>
<tr><td>1. Jachère avec fumier.</td><td>6. Jachère noire.</td></tr>
<tr><td>2. Blé.</td><td>7. Blé.</td></tr>
<tr><td>3. Betteraves.</td><td>8. Jachère avec fumier.</td></tr>
<tr><td>4. Avoine avec trèfle sur la moitié.</td><td>9. Betteraves.</td></tr>
<tr><td>5. 1/2 haricots et 1/2 trèfle.</td><td>10. Orge.</td></tr>
</table>

Comme on le voit, la betterave vient ou après le blé, ou après la jachère. On emploie le fumier pour le blé, à raison de 2.400 pouds par déciatine, soit 35.000 kilos par hectare. On donne du plâtre au trèfle qui suit l'avoine et on en obtient de bons résultats.

Jusqu'ici on n'a employé ni écumes de défécation, ni chaux. On veut essayer cette dernière sur les terres fortes.

Les deux domaines possèdent comme animaux de trait 600 chevaux et 600 bœufs des steppes, ce qui représente environ 20 animaux de trait par 100 hectares cultivés. On engraisse aussi quelques bœufs, mais en nombre variable d'une année à l'autre.

Un bœuf maigre coûte environ 75 roubles, soit 200 francs, ce qui fait ressortir le prix du kilo de poids vif à environ 0 fr. 50. Quand il est gras, on peut le vendre 0 fr. 70 à 0 fr. 85 le kilo.

Les bœufs reçoivent de la paille mélassée, du son, du trèfle vert (première coupe), du foin de trèfle (deuxième coupe), des pulpes, une partie des feuilles vertes de betteraves, des feuilles ensilées.

Quelquefois les paysans qui font l'arrachage des betteraves reçoivent quelques feuilles à titre de gratification et en plus du paiement, mais ce n'est pas général, cela les inciterait à trop décolleter les betteraves.

Le fumier est conservé dans la cour des fermes en tas non couvert que piétinent les bœufs, chevaux et poulains.

Valeur de la terre

La terre se paie 400 à 500 roubles par déciatine, soit 1.100 à 1.200 francs l'hectare. Le prix monte quelquefois jusqu'à 600 roubles, soit 1.400 francs l'hectare ; mais c'est exceptionnel. Le prix de location s'élève à environ 4 % de la valeur foncière, soit environ 50 francs par hectare.

Main-d'œuvre

Aux ouvriers employés à l'année on donne le logement, le chauffage, la nourriture d'une vache et quelques aliments nature.

Nous avons vu une maison d'ouvriers en construction. Elle comprenait quatre logements, de chacun quatre pièces avec un réduit ou grenier. Le prix de la construction s'élèvera à environ 2.400 roubles, soit 6.250 francs, non compris le terrain et le transport des matériaux.

Culture de la betterave

Quand la betterave vient après le blé on fait un déchaumage avec un quadrisoc, aussitôt que la récolte de blé est enlevée ou le permet. Vient ensuite le gros labour qui va jusqu'à 32 à 35 c/m de profondeur. On était en train de faire les gros labours pour betteraves au moment où nous sommes passés.

Quand la betterave vient sur jachère, on donne de bonne heure une façon superficielle, puis on répand le fumier suivant la dose indiquée plus haut. Le gros labour vient ensuite. Si la betterave vient sur blé, le gros labour est fait également à la fin de l'été. A titre d'essai, on a mis quelques betteraves sur pois : elles étaient feuillues et se présentaient sous une belle apparence.

Au printemps, on donne d'abord un coup de traîneuse et un coup de herse. On passe ensuite l'extirpateur, puis une herse à grosses dents et une herse fine.

On se sert du semoir ordinaire et du semoir combiné et il n'y a pas de petit rouleau en fonte qui passe sur les semences derrière le semoir. On emploie 35 à 40 kilos de semences par hectare et les lignes sont distantes de 40 à 42 c/m.

Quand, avant la semaille, la terre contient des mottes, on se sert quelquefois du rouleau Campbell qui est composé de disques indépendants dont la section droite se termine par deux triangles. Après la semaille on fait usage du rouleau en bois, composé de trois éléments dont un élément en avant et deux en arrière.

On bine rarement avec la houe à cheval ; on se sert de préférence de la petite binette à main à deux fers ; on en attelle cinq à un cheval, comme il a été dit précédemment.

Au démariage, on laisse 90.000 à 100.000 pieds par hectare.

Voici quelques chiffres indiquant les rendements en sucre industriel que donne la betterave par hectare :

	Domaine	Agriculteurs	Paysans
1910-1911.................	3.400	2.750	2.200
1909-1910.................	2.500	1.530	1.530
1908-1909.................	2.860	1.370	2.130

(Il paraît que les emblavements des paysans ne sont pas toujours donnés très exactement.)

Voici maintenant la polarisation du jus de pression, c'est-à-dire le sucre pour 100 grammes de jus :

1908-1909.................	19.78	19.78	18.27
1907-1908.................	22.09	21.86	21.86
1906-1907.................	19.79	19.51	19.51

Les betteraves achetées sont payées 1 r. 7 le berkowetz, soit 22 fr. 90 la tonne, rendue usine. On donne en plus et gratuitement 3 à 5 livres de mélasse et 3 pouds de pulpe par berkowetz de betteraves. Cela fait, par tonne de betteraves, 250 kilos de pulpe et 7 à 10 kilos de mélasse. On compte 5 % pour la tare.

La graine est livrée à raison de 4 copecs par poud, soit 64 francs les 100 kilos.

La mélasse qui n'est pas donnée aux fournisseurs est livrée à une distillerie. Son prix varie évidemment suivant les années : il se tient entre 10 et 15 copecs par poud, soit 1 fr. 60 et 2 fr. 40 et quelquefois plus, 3 fr. 20 les 100 kilos· Celui de la pulpe est de 2 à 3 copecs par poud, soit 3 fr. 20 à 5 francs la tonne.

Les betteraves du domaine sont payées 1 fr.62 le berkowetz de 12 pouds, soit environ 21 francs la tonne rendue usine.

Graines de betteraves

Le domaine ne fait que de la reproduction mais pas de sélection.

Il achète des graines allemandes et en fait des planchons. Toute la sélection consiste à éliminer de la reproduction les planchons trop petits ou qui n'ont pas une forme convenable. La récolte a lieu à plusieurs reprises suivant le degré de maturité des tiges : on obtient ainsi des graines à coefficient de germination plus élevé et plus régulier.

La graine est d'abord livrée aux fermes des deux domaines, le reste est vendu, soit aux fournisseurs de betteraves, à raison de 4 roubles par poud soit 64 francs les 100 kilos, soit dans le commerce pour un prix variable. Au moment de notre passage le prix commercial était de 6 r. 5 le poud, soit 105 francs les 100 kilos, et des représentants allemands offraient déjà 8 roubles, soit 129 francs les 100 kilos.

Autres cultures

L'orge donne 13 à 15 quintaux par hectare ; le blé, 17 à 18 quintaux et l'avoine, 19 quintaux.

Domaine de P... (Gouvernement de Charkow)

Le domaine de P... a une étendue de 10.697 hectares qui se décomposent ainsi qu'il suit :

Terres labourables : 7.258 hectares ;

Terres non utilisées : 520 hectares ;

Forêts : 2.919 hectares.

Les conditions de climat sont celles qui ont été indiquées au début du travail : il tombe relativement peu de pluie, 400 à 450 m/m d'eau par an, et il fait très froid en hiver (jusqu'à − 25° et − 29°). Au surplus, les vents desséchants de la région des steppes se font souvent sentir au printemps : les assolements et les façons aratoires doivent donc tendre à maintenir l'humidité dans le sol.

La terre appartient au tchernozème, c'est-à-dire à la région des terres noires. Elle est plutôt légère.

L'assolement adopté ressemble à ceux déjà indiqués.

Dans l'application cet assolement donne environ :

1.977 hect. de betteraves et graines, soit 27,3 %, des terres labourables ;
3.133 hectares de céréales, soit 42,8 % des terres labourables ;
1.737 hectares de jachères, soit 23,9 % des terres labourables ;
  369 hectares de prairies, soit 5,3 % des terres labourables ;

7.216 hectares.

La jachère est tantôt de la jachère noire, tantôt de la jachère verte (ensemencée de légumineuses).

Souvent on mélange de la vesce à l'avoine avant de la semer. La récolte constitue un excellent fourrage pour les chevaux.

Culture de la betterave

D'après l'assolement indiqué plus haut, la betterave vient sur blé ou sur jachère. Quand elle vient sur blé, elle bénéficie indirectement du fumier qui a été donné au blé (30 à 35.000 kilos par hectare). On lui donne en plus 154 kilos de superphosphate, 30 kilos de nitrate qui sont introduits dans le sol en même temps que les semences de betteraves au moyen du semoir combiné.

Quand la betterave vient sur jachère, on lui donne également 150 kilos de superphosphate et 32 kilos de nitrate par hectare, et quelquefois 25.000 kilos de fumier. Quelquefois aussi on porte la dose de superphosphate à 400 kilos par hectare ; mais alors on répand celui-ci au printemps, à la volée.

En cas de jachère verte on rompt celle-ci par une façon superficielle.

Le gros labour pour la betterave a lieu à la fin de l'été. Ainsi que nous avons pu le voir on le fait à 0 m. 35 de profondeur avec un monosoc à rasette qui est généralement attelé de six bœufs des steppes. Grâce aux sillons, la neige se maintient plus longtemps sur le sol.

Au printemps, on passe successivement la « traîneuse » articulée, puis une herse à petits socs, puis une herse ordinaire et une herse fine et quelquefois un rouleau.

On obtient ainsi un sol très divisé et en même temps régulièrement tassé régulièrement sur toute la profondeur du labour.

On sème avec le semoir combiné 40 kilos de graines à l'hectare, en même temps que le superphosphate et le nitrate indiqués plus haut.

Les façons aratoires qui suivent la semaille ne présentent rien de particulier.

On récolte environ 21.500 kilos de betteraves par hectare, qui ont 17 %, 18 % et 19 % de sucre.

Les betteraves rendues usine sont payées environ 23 fr. 50 la tonne, sans considération de richesse. C'est le domaine qui fournit la graine.

Avec les 1.700 hectares qu'il ensemence chaque année, le domaine produit environ 3.454 kilos de sucre industriel par hectare.

Culture du blé

Rien de particulier à signaler pour la culture du blé, sinon qu'on le sème en lignes inéquidistantes : à deux lignes relativement rapprochées succèdent deux lignes distantes de 0 m. 30. On peut ainsi travailler plus facilement la terre après le durcissement que provoque souvent la pluie et maintenir plus facilement l'humidité dans le sol.

Rendements

Voici les rendements qui ont été obtenus pendant les dix dernières années :

Blé d'hiver : 18 qtx 75 vendus au prix de 16 fr. 60 ;

Seigle : 15 qtx 75 ;

Avoine : 16 qtx 65 vendus au prix de 11 francs les 100 kilos ;

Graines de betteraves : 1.365 kilos ;

Betteraves : 21.700 kilos ;

Blé de printemps : 12 quintaux.

Prix de revient de l'hectare de betteraves (1909-1910)

Valeur locative du sol	41 45	
Engrais	40 09	
Labour	30 61	
Semences	18 05	
Binages, façons	43 59	
Semaille à la machine	11 93	
Façon sur jachère ou sur blé	3 36	
Autres travaux	9 93	
Total	199 01	199 01

Arrachages	47 43	
Transports	48 30	
Faux frais	3 28	
Frais de bureau, administration, surveillance, écoles, stations, impôts, police, réparations, hôpital, hospice, assurances	142 68	
Total	241 69	241 69
Somme totale générale		440 70

Récolte de betteraves de l'année : 21.124 kilos par hectare ;

$$\text{Prix de revient de la tonne de betteraves : } \frac{21.124}{440\ 70} = 20 \text{ fr. } 90$$

Prix payé par la fabrique : 23 fr. 43 par tonne.

D'où bénéfice par tonne : 23 fr. 43 — 20 fr. 90 = 2 fr. 59.

D'où bénéfice par hectare : 2 fr. 59 × 21.124 = 54 fr. 71.

Sucre industriel obtenu par déciatine : 3.160 kilos.

Sucre industriel par 100 kilos de betteraves : 16.3.

Prix de revient du blé d'hiver et du printemps

	Blé d'hiver	Blé de printemps
Valeur locative du sol................	22 35	22 35
Engrais	18 66	»
Labour	32 56	19 29
Semences	16 03	23 83
Semailles	4 37	8 82
Façons aratoires (en dehors).........	0 85	3 37
Moisson	16 40	9 47
Transport	8 33	2 96
Battage	17 18	7 24
Frais généraux....................	70 49	54 87
Autres frais......................	7 89	»
Total..............	215 »	152 20

Récolte par hectare : Blé d'hiver : 1.980 k. — Blé de printemps : 1.140 k.

Animaux de la ferme

Il y a pour 7.258 hectares de terres cultivées :

272 paires de bœufs, soit................	544
174 paires de chevaux, soit...............	348
	892

soit 12 animaux par 100 hectares cultivés.

La nourriture d'un cheval par journée de travail coûte....   2 fr. »

La nourriture d'une paire de bœufs par journée de travail.   3 fr. 28

Le transport des betteraves effectué à 30 kilomètres de distance coûte 50 copecs par poud, soit 0 fr. 26 à 0 fr. 27 par tonne kilométrique.

Le superphosphate à 16 % d'acide phosphorique coûte environ 10 francs les 100 kilos.

Monographie de quelques fermes polonaises
à betteraves

La Pologne sucrière forme en quelque sorte une région à part dans la Russie sucrière.

Elle est séparée de la grande région sucrière du Dniéper-Don par plusieurs gouvernements administratifs (dont la Volhynie), où on ne cultive que peu ou point la betterave.

Les terres de la Pologne sucrière n'appartiennent pas à la région du tchernozème russe ou des terres noires : en général, ce sont des terres argilo-siliceuses qui renferment quelquefois une bonne proportion de sable et prennent aussi les caractères de terres légères. Elles sont généralement de couleur noire et renferment peu de cailloux.

Beaucoup sont déjà drainées et nous avons vu beaucoup de drainages en cours d'exécution.

Les fermes à betteraves polonaises (russes) sont exploitées à peu près comme les fermes à betteraves polonaises (prussiennes) que nous avons visitées l'année dernière et dont il a été question dans le rapport sur l'Allemagne, l'Autriche et la Belgique. La nature des terres et le climat (pluie et température) y sont aussi à peu près les mêmes.

Voilà pourquoi nous n'aurons pas à nous étendre beaucoup sur les fermes à betteraves de la Pologne russe.

Il faut dire cependant que les routes et les chemins laissent beaucoup à désirer dans toute la Russie sucrière, aussi bien en Pologne que partout ailleurs. Souvent les fabriques de sucre, pour faciliter leurs approvisionnements, construisent elles-mêmes des routes ou des chemins ; mais cela ne représente qu'un faible remède au mal général.

Il y a en Pologne russe 49 fabriques de sucre qui travaillent annuellement 1.500 millions de kilos de betteraves et produisent environ 200.000 tonnes de sucre.

Comme les méthodes de culture qui y sont suivies sont à peu près les mêmes qu'en Pologne allemande, nous ne ferons qu'une description rapide des fermes polonaises russes que nous avons visitées.

Domaine de L...

Le domaine a une étendue de 1.200 hectares qui constituent deux fermes dont l'une de 250 hectares où on ne cultive pas la betterave.

Les terres sont de nature argilo-siliceuses, mais contiennent une forte proportion de sable. C'est ce qui les rend légères. Elles sont de couleur plutôt noire et reposent généralement sur un sous-sol humide. Des drainages étaient en voie d'exécution au moment où nous sommes passés. La profondeur des drains ordinaires est de 1 m. 20 à 1 m. 60, celle des drains collecteurs est plus grande. L'écartement des drains ordinaires est de 18 mètres. Les drains ordinaires, qui sont en terre cuite, ont 8 à 10 centimètres de diamètre; les drains collecteurs également en terre cuite ont 0 m. 25. On creusait un véritable canal pour assurer l'écoulement des eaux de drainage.

Nous avons vu l'année dernière des drainages analogues en Pologne prussienne, mais ils étaient exécutés avec la collaboration des services du ministère de l'Agriculture prussien. Ils portaient sur des étendues de terres beaucoup plus grandes et les prix de revient étaient plus faibles.

L'assolement pratiqué dans la ferme à betteraves de 950 hectares est le suivant :

1 Blé ;	4 Seigle et trèfle ;
2 Betteraves ;	5 Trèfle ;
3 Avoine ou orge ;	6 Trèfle.

C'est ainsi que sur 1.200 hectares (dont 950 à la ferme à betteraves) il n'y a que 180 hectares de betteraves et 180 hectares de blé. Tout le reste est en avoine ou orge, ou seigle avec trèfle, ou seigle. On cultive aussi quelques hectares de carottes pour les chevaux.

Le domaine possède, pour faire les travaux des champs, 150 chevaux et quelques bœufs. On tend à éliminer les bœufs. Cela fait donc à peu près 12 chevaux par 100 hectares cultivés ; mais il faut noter que dans l'une des fermes on ne cultive pas la betterave.

Le domaine possède en outre 120 vaches et 80 génisses de race hollandaise et 1.000 moutons. Les vaches sont traites trois fois par jour. Leur lait est vendu pour la ville de Varsovie, au prix de 4 à 5 copecs le litre, soit 10 à 12 cent. 1/2 pris au domaine.

On laisse le fumier dans les étables et on ne l'enlève que cinq ou six fois par an.

Le domaine entretient une écurie de courses. On nous montre Alaric, le vainqueur de plusieurs grands prix. On nous montre également un taureau hollandais d'un prix de 4.000 francs.

Culture de la betterave

Dans l'assolement, la betterave vient après le blé qui suit le trèfle. On lui donne 30.000 kilos de fumier, 300 kilos de superphosphate à 18 % d'acide phosphorique, 800 kilos de kaïnite.

Jusqu'à maintenant on n'a donné de la chaux qu'à l'état d'écumes de carbonatation ; mais on a l'intention d'employer aussi de la chaux vive.

Le déchaumage qui suit la récolte de blé est fait aussitôt que possible, avec un trisoc, mais pas avec un scarificateur.

On répand ensuite la kaïnite et le superphosphate et on donne quelques coups de herse.

Le fumier vient ensuite à la dose indiquée plus haut. C'est toujours du fumier très fait. Il se trouve enfoui par le gros labour qui est fait avec une charrue suivie de fouilleuse et qui travaille le sol jusqu'à 35 c/m de profondeur.

On répand le nitrate en deux fois : une première fois avant la semaille ; une deuxième moitié au moment des binages.

Les travaux du printemps sont faits à la façon habituelle : nous n'en noterons que quelques particularités.

On emploie au printemps le rouleau Campbell à disques qui est une dérivation du rouleau articulé à plateaux parallèles amincis sur le pourtour. Il a 2 m. 10 à 2 m. 20 de longueur. Il porte 16 disques de 0 m. 50 de diamètre. Il divise fort bien la terre. Il ne faut pas qu'il soit trop long, surtout quand la surface du sol est un peu accidentée.

Au démariage on laisse 110.000 à 120.000 pieds à l'hectare, les lignes étant distantes de 0 m. 38.

Les binages à la main sont faits comme en Allemagne. Quant aux binages à la machine, ils sont faits avec des houes billonneuses, de sorte que finalement les betteraves se trouvent toujours buttées.

La récolte se fait à la main. Elle donne 20 à 22.000 kilos dans les grandes fermes et 15 à 16.000 kilos chez les petits cultivateurs. La richesse se tient autour de 16 à 17 % de sucre.

Les betteraves sont payées simplement au poids. La fabrique voisine a installé en différents endroits quatre bascules où se font les livraisons. Les transports, des bascules à l'usine, sont à la charge de la fabrique. Pour faciliter les transports, l'usine a construit 14 kilomètres de chemins.

En plus du paiement en argent des betteraves, les cultivateurs reçoivent gratuitement 30 % de pulpe et la graine nécessaire aux ensemencements (graine de souche Rabbethge et Giesecke).

La pulpe achetée coûte généralement 4 francs la tonne.

La mélasse se vend 2 à 3 francs les 100 kilos.

Au cours de la visite que nous faisons dans les champs nous pénétrons dans plusieurs champs de betteraves et nous nous arrêtons devant une batteuse mécanique.

Les betteraves sont régulièrement développées, quoique inégalement grosses d'un champ à l'autre. Nous notons l'écartement des plants : 40 à 42 c/m entre les lignes ; 15 à 18 c/m entre les betteraves de la ligne. Cela représente environ 120.000 pieds par hectare.

La ferme cultive l'avoine de Ligowo qui lui donne 17 à 30 quintaux par hectare suivant les sols et les années.

La batteuse que nous voyons en marche est mue par une locomobile de 10 à 12 chevaux. Elle donne 20 quintaux à l'heure. Elle occupe 41 ouvriers.

On trouve facilement des ouvriers dans la région. On les prend dans les villages voisins. On donne aux hommes et aux femmes 50 copecs par jour, soit 1 fr. 30 et en plus le logement et des aliments en nature, mais pas de vaches.

Les étables sont fort bien installées. Nous voyons également les écuries où sont les chevaux de courses et la cour de la ferme où on a amené les principales machines agricoles.

Ferme de B...

La ferme a une étendue de 600 hectares. Elle est constituée par des térres argilo-siliceuses ou de limon qui sont généralement profondes et de couleur noire. De distance en distance, apparaissent des affleurements plus argileux qu'on distingue à la couleur des terres labourées.

L'assolement suivi dérive de l'assolement de Norfolk déjà cité pour les fermes allemandes :

Plantes sarclées : betteraves ou pommes de terre ;
Céréales de printemps : avoine ou orge ;
Trèfle ;
Céréales d'hiver : blé ou seigle.

Cet assolement est le suivant :

1 Betteraves ou pommes de terre ;
2 Orge ou avoine ;
3 Blé ou seigle ;
4 Trèfle ou colza, ou féveroles ou lupin à couper, ou lupin de semences.

L'engrais vert vient après le colza, ou le seigle, ou l'orge. Il est généralement constitué par un mélange de vesces, de lupin et de pois.

La ferme cultive l'avoine de Ligowo qui lui donne 17 à 30 quintaux par hectare suivant les sols et les années.

L'assolement n'est pas immuable : on s'en écarte quelquefois. La betterave vient tantôt sur céréales, tantôt sur engrais verts ; au surplus, on essaie, en ce moment, de la mettre sur pommes de terre, celle-ci pouvant recevoir du fumier pailleux au printemps.

Quand les betteraves viennent sur engrais verts, on applique les engrais phosphatés et potassiques avant de semer les plantes d'engrais vert.

Quand la betterave vient sur céréales, elle reçoit à l'automne 30.000 kilos de fumier bien fait. Dans tous les cas, quelle que soit la culture qui la précède, la betterave reçoit 400 à 600 kilos de superphosphate et 160 à 180 kilos de sulfate de potasse.

Bétail

La ferme possède 150 à 160 vaches dont 70 appartiennent au propriétaire et 80 aux ouvriers. Il y a en plus du jeune bétail, mais pas de moutons. Avec le lait des vaches on fait du beurre qui est vendu dans le voisinage. C'est la race hollandaise blanche et noire ou rouge et blanche qui est employée. On les voit paître dans des pâtures ou sur les chaumes. Les porcs pâturent avec les vaches.

Pour effectuer les travaux des champs, il y a 70 chevaux : c'est-à-dire 12 animaux par 100 hectares cultivés. Ce sont des chevaux de race polonaise.

Les chevaux, de même que les vaches, reçoivent souvent des pommes de terre. On donne des carottes aux chevaux une fois les travaux d'automne terminés.

Ouvriers

Les ouvriers sont payés à raison de 50 copecs par jour (soit 1 fr. 30). pour les hommes et de 40 copecs (soit 1 fr. 04) pour les femmes. Ils sont logés et reçoivent des aliments en nature. Ils mangent du pain de seigle qu'ils cuisent eux-mêmes dans un four mis à leur disposition. Le seigle est moulu dans un moulin à vent appartenant au propriétaire.

Les ouvriers mariés ont, en plus, une vache qui est nourrie par la ferme et on leur donne 300 litres de lait par an. De cette façon, les ménages en ont toujours même quand les vaches n'en donnent plus. Chaque ouvrier à l'année coûte environ 2 fr. 20 par jour.

Valeur du sol

La terre se vend 7.000 à 8.000 roubles les quinze hectares, soit 1.250 francs l'hectare. Elle se loue 8 à 10 roubles par morge, soit 45 à 50 francs par hectare, c'est-à-dire environ 4 % de la valeur foncière.

Variétés

Comme variété de betterave, on emploie la variété Rabbetghe et Giesecke.

Le blé du pays peut donner jusqu'à 25 à 30 quintaux par hectare dans les bonnes années. On cultive l'orge de Hanna (pour la brasserie), l'avoine blanche et la pomme de terre allemande.

Culture de la betterave

On considère comme très important de faire le déchaumage le plus tôt possible et on le commence déjà alors qu'il y a encore des gerbes de blé dans les champs. On le fait avec un polysoc ou avec un cultivateur canadien. On attribue au déchaumage les effets suivants :

Il hâte la nitrification dans la terre retournée ;

Il empêche la dessiccation en rompant les canaux capillaires ;

Il favorise la germination des mauvaises herbes ;

Il hâte la décomposition des chaumes.

On donne plusieurs coups de herse après le déchaumage, puis on répand le fumier (bien fait). On l'enterre par un léger labour (binotage) et on fait le gros labour avant l'hiver. On tient beaucoup à ce que ce dernier soit effectué de bonne heure et on s'arrange pour qu'il soit toujours terminé avant le 15 novembre. On lui donne une profondeur de 28 à 30 c/m. On ne fait usage ni de charrue à vapeur ni de fouilleuse.

Les façons de printemps sont à peu près les mêmes qu'en Allemagne (V. rapport de l'année dernière).

On donne un coup de traîneuse articulée. S'il y a des mottes, on les écrase par un coup de rouleau Campbell à disques (celui-ci sert de coupe-fumier quand il s'agit des pommes de terre qui ont reçu du fumier au printemps).

Avant la semaille, on donne deux ou trois coups de herse qui alternent avec des coups de rouleau. Il est bon d'employer des herses de plus en plus fines et des rouleaux de plus en plus lourds en vue d'éviter les vides dans la couche retournée par la charrue. C'est un des moyens d'éviter les betteraves fourchues.

A la ferme de B... on emploie le semoir Dehne de Halberstadt. Il sème en lignes interrompues. Une petite roue en fonte enfonce la semence à 1 ou 2 c/m de profondeur.

En préparant la terre pour la semaille, on donne généralement 150 à 200 kilos de nitrate de soude par hectare.

On fait quatre binages à la main, trois binages à la machine. Le placement en bouquets et le démariage sont faits en deux temps par des femmes et on roule toujours, et souvent deux fois, après le démariage.

Le dernier binage à la machine correspond à un buttage. Il est fait avec une houe sillonneuse à socs spéciaux.

Presque tous les champs que nous avons visités portaient au moins 110 à 120.000 pieds par hectare.

Les racines étaient généralement très pivotantes et de forme très régulière.

Les betteraves sont arrachées à la main. On fait le décolletage à plat et on donne un coup de couteau circulaire pour enlever les folioles. La terre qui peut rester adhérente aux racines est enlevée par grattage. A la fabrique, on ne détermine pas le déchet ; mais il est convenu qu'on retranche 3 à 5 % du poids brut. Cela représente la terre et les fractions de collets qui ont été incomplètement éliminées.

Ce sont les cultivateurs qui assurent la conservation des betteraves.

On nous a donné les rendements de la betterave comme s'élevant à 36.000 kilos à 16 et 18 % de sucre.

La betterave est payée environ 22 fr. 50 la tonne (105 copecs par 7 pouds 1/2) rendue usine ; mais la fabrique donne gratuitement 35 % de pulpe. Pour la pulpe prise en plus, il est payé généralement 5 à 6 francs par tonne.

Les feuilles de betteraves sont employées couramment à l'alimentation du bétail. On les conserve en silos séparés sans les mélanger aux pulpes. On attache aussi une grande importance à ce que le tas soit bien tassé et contienne du sel. Il faut veiller à ce que la température ne dépasse pas 50 à 60°. Les silos sont recouverts de 50 à 60 c/m de terre.

Domaine de M. le Comte ...

Faute de temps nous visitons seulement quelques champs de betteraves où sont faits des essais fort intéressants.

Ces essais ont pour but d'étudier l'influence du labour profond sur la récolte de betteraves.

Une grande pièce de terre de composition aussi homogène que possible a été divisée en deux parties qui ont été traitées de la même façon et ont reçu les mêmes engrais ; seulement, l'une des moitiés a été labourée à 0 m. 40 de profondeur et l'autre moitié à 0 m. 25 ou 0 m. 30.

Nous arrachons un bon nombre de betteraves sur les deux parties du champ.

Les betteraves sur labour profond sont plus grosses et de forme plus régulière, plus pivotantes. Elles portent des feuilles et ces feuilles sont plus développées. Beaucoup d'entre elles atteignent 0 m. 50 de longueur.

Les betteraves sur labour peu profond outre qu'elles sont moins grosses et portent moins de feuilles pèchent surtout par la forme. Elles n'ont pas la forme pivotante des premières, elles sont racineuses, moins longues et plus difficiles à arracher.

Le champ porte environ 110 à 120.000 pieds par hectare.

Cette expérience montre réellement les bons effets du labour profond avec le champ en question.

Domaine de M. P...

Situé dans le voisinage du précédent, il comprend trois fermes qui représentent une étendue de 1.250 hectares.

L'assolement est à peu près le même que dans le domaine précédent. Il dérive de l'assolement quadriennal de Norfolk et comporte des variantes. On essaie en ce moment la culture des engrais verts.

La culture et la vente des betteraves se font à peu près comme dans le domaine précédent. Quant aux pommes de terre, elles viennent sur les terres les plus légères et servent à alimenter une distillerie qui dépend du domaine.

Le propriétaire construit un chemin de fer à voie étroite pour transporter ses betteraves, ses pommes de terre, ses fumiers, ses céréales.

L'une des fermes (500 hectares) possède, pour faire les travaux des champs et les transports, 50 chevaux et 30 bœufs de trait, soit 16 animaux par 100 hectares cultivés.

Il y en aura moins quand le chemin de fer sera achevé. Le fumier est conservé dans l'étable ; on l'enlève seulement trois ou quatre fois par an.

Cette même ferme possède 60 vaches dont le lait est vendu environ 0 fr. 10 par litre pris sur place. On fait l'élevage de la vache. Des pâtures nourrissent les animaux pendant l'été.

Nous remarquons que le chiendent est très répandu. On en a arraché de grandes quantités.

Domaine de K...

Il comprend neuf fermes qui représentent une étendue totale de :

Ferme A................	391.90	dont	67.17	en betteraves
— B.............	201.50	—	50.38	—
— C.............	419.90	—	43.66	—
— D.............	559.87	—	33.59	—
— E.............	205.99	—	11.79	—
— F.............	800.00	—	44.78	—
— G.............	503.38	—	39.74	—
— H.............	568.25	—	64.36	—
— I.............	670.90	—	55.00	—

Soit au total...... 4.321.69 dont 410.47 en betteraves

Soit environ le 1/10 des terres arables en betteraves.

Comme plante sarclée, on cultive aussi la pomme de terre, cela en vue de la préparation du glucose.

Le domaine étant situé non loin de la Pologne allemande, il ne faut pas s'étonner que les conditions de sol, de climat, de culture y soient sensiblement les mêmes qu'en Pologne prussienne.

Les terres sont des terres argilo-siliceuses ou de limon, elles sont plutôt légères. Beaucoup sont drainées.

La betterave vient tantôt après le blé, tantôt après le seigle (qu'on a fait suivre d'un engrais vert), tantôt après le trèfle.

Dans les trois cas, la fumure est à peu près la même que celle que l'on emploie en Allemagne. On fait usage d'engrais potassiques, de superphosphate, de nitrate et d'écumes de carbonatation, sans compter le fumier qu'on emploie en quantités variables, suivant la culture qui a précédé la betterave. Avec certains sols on emploie jusqu'à 40.000 kilos de fumier, avec d'autres on ne dépasse pas 30.000 kilos. Naturellement la dose en est plus modérée ou même on n'en emploie pas du tout, quand la betterave vient après engrais vert ou après trèfle. On le répand toujours de bonne heure pendant l'automne qui précède la semaille.

Le gros labour est presque toujours fait avec la charrue à vapeur et cette charrue à vapeur appartient à la fabrique qui reçoit les betteraves. Le gros labour ainsi fait coûte 10 roubles à l'hectare, soit 25 à 30 francs par hectare. Les hommes sont fournis par la fabrique et le charbon est payé par le cultivateur. On laboure quatre à six hectares par jour, mais on ne travaille pas la nuit. Au printemps on n'emploie pas la traîneuse On se sert souvent du rouleau Campbell déjà indiqué.

Les semailles sont faites en lignes interrompues au moyen d'un semoir Dehne. Les lignes sont distantes d'environ 0 m. 37. Au démariage, on laisse environ 120.000 pieds par hectare. Les betteraves sont livrées à la fabrique. Elles doivent être aussi propres que possible et bien décolletées : on retranche 3 à 5 % pour la terre ou déchet.

Le prix des betteraves est d'environ 22 francs la tonne. Les cultivateurs reçoivent en outre et gratuitement 35 % de pulpe et la graine nécessaire aux ensemencements.

Pour encourager les cultivateurs à améliorer leur méthode de culture et quand le rendement à l'hectare dépasse 24.600 kilos, la fabrique majore le prix de la tonne.

Pour l'année 1910-1911 la récolte moyenne s'est élevée à 35.000 kilos par hectare, soit 38.000 pour la grande culture et 32.000 pour la petite culture ; mais c'est exceptionnel.

Animaux

Le travail des champs est fait par des chevaux de race polonaise. On a essayé de les croiser avec des chevaux percherons, mais on n'a pas obtenu de bons résultats. Le domaine produit du lait et il possède une beurrerie industrielle où se font l'écrémage mécanique et la fabrication du beurre. Le beurre est vendu à la ville voisine.

On trouve surtout des vaches polonaises qu'on dit réfractaires à la fièvre aphteuse et on cherche à les croiser avec la vache hollandaise. A la beurrerie est annexé un laboratoire où on fait de nombreuses analyses de lait : on ne conserve que les vaches qui donnent un certain minimum de lait par an avec 3,8 % de matières grasses.

L'engraissement est peu avantageux, attendu que le prix du bétail gras n'est pas plus élevé aux 100 kilos que le prix du bétail maigre.

TROISIÈME PARTIE

Installation, Marche du Travail
dans quelques fabriques de Sucre russes

L'enquête que nous avons faite en Russie avait surtout pour but, d'étudier le mode de culture qui est suivi dans les régions betteravières et, par conséquent, les conditions de production de la betterave à sucre.

Par la même occasion, nous avons visité quelques fabriques de sucre appartenant aux domaines où nous avons été reçus. Ces visites ont été un peu rapides et elles ont eu lieu en dehors de la campagne. Elles ne nous ont donc pas permis de voir dans tous ses détails la marche de la fabrication. Elles nous ont du moins donné une idée d'ensemble sur l'installation des usines et sur les procédés de travail qui y sont suivis. Ce sont ces quelques observations que nous voudrions résumer ici :

Fabrique de B... T...

Construite en 1884, elle travaille journellement 500 tonnes de betteraves par jour. Elle possède deux batteries de diffusion, dont chaque diffuseur comporte un calorisateur en forme de petite cuve. L'épuration des jus est faite par deux carbonatations et une sulfitation.

L'appareil d'évaporation est constitué par un quadruple-effet précédé d'un Pauly. La plupart des postes sont chauffés avec de la vapeur de jus.

On fait sucre blanc et mélasse en passant par deux jets cuits en grain. L'appareil de 1er jet est vertical ; l'appareil de 2e jet est horizontal et il est chauffé avec des faisceaux Witkowicz. Au sortir des cuites, les masses cuites tombent dans des malaxeurs horizontaux à refroidissement spontané. Le turbinage est fait dans des turbines Weston commandées par courroie. Le sucre de 2e jet est fondu dans du jus de carbonatation.

Fabrique de T...

Elle est installée pour travailler journellement 800 tonnes de betteraves. Les jus sont extraits dans deux batteries de diffusion de chacune 12 diffuseurs de 28 hectolitres.

L'épuration est faite par deux carbonatations et une sulfitation. On produit l'acide sulfureux nécessaire au moyen d'un four à soufre à combustion.

L'appareil d'évaporation est un quadruple-effet, pourvu d'un Pauly horizontal. Le sirop est sulfité entre le 3e et le 4e corps.

Les premiers jets sont cuits en grain dans un appareil à cuire horizontal ; les seconds jets sont cuits également en grain dans un appareil Grossé ; mais on est obligé de faire un 3e jet. Les sucres des deux derniers jets sont fondus dans les jus de dernière carbonatation.

La cuite de 2e jet dure 24 heures.

Les cuites de 1er jet, après avoir été malaxées dans des malaxeurs horizontaux, sont turbinés dans des turbines Weston, commandées par courroie. Les masses cuites de 2e jet sont fort peu malaxées ; on commence le turbinage presque aussitôt après la coulée.

Le turbinage des 2e et 3e jets est fait dans des turbines à petit diamètre à commande en dessous.

Raffinerie. — Le domaine possède une raffinerie contiguë à la fabrique de sucre et qui peut travailler journellement environ 1.250 à 1.300 sacs de sucre. La presque totalité du sucre est livrée à la consommation, sous forme de pains. On veut du sucre qui fonde lentement dans la bouche.

Fabrique de S...

La sucrerie de S..., peut travailler journellement 800 tonnes de betteraves. Elle était en voie de transformation au moment où nous sommes passés. On y installait des transporteurs hydrauliques avec pente de 6 à 10 m/m par mètre. Le lavoir a 6 mètres de longueur. Il est pourvu de portes épierreuses et son arbre porte des bras munis de grandes cuillères perforées.

L'usine possède deux coupe-racines : un coupe-racines à tambour du système Maguin et un coupe-racines du système Paaschen. Le premier alimente une batterie de diffusion ordinaire. Quant au deuxième, il constitue avec les deux presses qui viennent ensuite, le procédé d'extraction des jus désignés sous le nom de procédé Bosse. Voici en deux mots, comment fonctionne ce procédé : les cossettes sortant du coupe-racines Paaschen, sont mélangées aux jus chauffés de 2e pression, puis envoyées dans une première presse qui donne le jus d'extraction définitif et des cossettes pressées. Celles-ci, après avoir été mélangées à de l'eau chaude, passent dans la 2e presse, d'où s'échappe la pulpe finale, et le jus de 2e pression qui sera mélangé aux cossettes fraîches en vue de la première pression. Le procédé Bosse extrait donc les jus des cossettes par une double pression à chaud.

Disons en passant, que dans l'une des autres fabriques dépendant du domaine de S..., on était en train d'installer le procédé Hyross-Rak.

A S..., la défécation est faite au moyen de lait de chaux. Grâce à un mesureur spécial à système rotatif et à régulateur, on en emploie toujours la même quantité par hectolitre de jus.

L'épuration du jus est complétée par deux carbonatations et une sulfitation. La 1re carbonatation est continue, et la seconde, intermittente.

L'évaporation est faite dans un quadruple-effet précédé d'un Pauly horizontal. La plus grande partie des chauffages sont assurés avec de la vapeur de jus dans des réchauffeurs à circulation rapide. La pompe à vide est une pompe rotative.

L'usine fait sucre et mélasse en deux jets et les deux jets sont cuits en grains dans des appareils à cuire horizontaux. Les cuites de 1er jet, au nombre de deux, sont du type Lexa : elles contiennent chacune 360 Hl. Celles de 2e jet, au nombre de deux, sont chauffées par des faisceaux Witkowicz·

Après la cuite, les masses cuites tombent dans des malaxeurs horizontaux, où elles sont malaxées pendant le refroidissement. On les turbine dans des turbines Weston. On était en train de terminer l'installation d'une turbine à vapeur, formant en quelque sorte un moteur unique pour toute l'usine. Cette turbine actionne une dynamo à courant triphasé qui assurera les transports de force.

L'usine de S... possède des chaudières Fairbairn pour les chauffages et trois multitubulaires marchant à 15 kilos de pression pour alimenter la turbine à vapeur. Sur le parcours des gaz de combustion allant à la cheminée, elle a installé un « économiseur » qui, d'après les garanties données par le constructeur, pourra chauffer l'eau de 90° à 130°.

Raffinerie. — La raffinerie est située à quelque distance de la fabrique de sucre, mais encore sur le domaine de S... Elle a été, ces derniers temps, l'objet de transformations importantes qui en font une usine fort bien outillée. Nous avons admiré le grand hall d'entrée et son aménagement intérieur. Au rez-de-chaussée sont les machines à vapeur, les pompes à vide, etc. Sur le plancher qui entoure les trois autres faces du hall et qui forme étage, se trouvent des appareils à cuire, des filtres, etc.

La raffinerie peut travailler 1.300 sacs par jour. Elle était dans sa période de chômage annuel au moment de notre passage. Chaque année, en effet, on interrompt le travail de raffinage pendant les grandes chaleurs et on utilise ce moment pour faire les réparations et les nettoyages nécessaires.

L'usine fait des pains et des plaquettes (procédé Adant), mais surtout des pains.

La clientèle de la raffinerie veut un sucre qui, mis dans la bouche, fonde lentement. Le pain réalise mieux cette condition que la plaquette. Voilà pourquoi le procédé Adant n'est employé que pour une faible partie de la production.

On nous a dit beaucoup de bien de la filtration, non pas sur sable, mais sur graviers, parce que les filtres à gravier sont plus faciles à laver que les filtres à sable.

Fabrique de C...

Elle peut travailler journellement 400 tonnes de betteraves. Elle possède deux batteries de 11 diffuseurs ayant une hauteur de 1 m. 80 et une contenance utile de 19 hectol.

La diffusion reçoit de l'eau froide et de l'eau chauffée à 60° par un réchauffeur placé sur le parcours des vapeurs du 4e corps. Les bacs jaugeurs sont à débordement.

Les jus sont épurés par trois carbonatations, puis passent dans un bouillisseur. On fait l'évaporation dans un quadruple-effet à caisses verticales, pourvu d'un Pauly vertical. Les différents corps ont les surfaces de chauffe suivantes :

Pauly	55 mètres carrés ;	le jus y bout à		112°
1er corps	260	— ;	—	105°
2e corps	220	— ;	—	96°
3e corps	125	— ;	—	85°
4e corps	100	— ;	—	66°

Soit au total....... 760 mètres carrés.

Les sirops vierges sont sulfités.

La cuite de 1er jet dure 8 à 9 heures. Elle est faite dans deux appareils à cuire qui sont chauffés par serpentin et par lyre.

Dans le serpentin, on envoie de la vapeur directe ou de la vapeur du Pauly, et dans les lyres de la vapeur du 1er corps.

Le malaxage des masses cuites de 1er jet est fait dans 4 malaxeurs horizontaux, sans réfrigérant. Il dure 12 heures. On turbine à 55°-60' dans des turbines Weston.

Le sucre est claircé avec de l'égout provenant d'une opération précédente, puis avec de l'eau et de la vapeur.

L'égout pauvre ordinaire est rentré en partie dans la cuite de 1er jet, en partie dans les malaxeurs, et le reste, dans les cuites de 2e jet. L'égout pauvre qui rentre dans les cuites est sulfité et filtré.

Le 2e égout de clairçage est sulfité et filtré. Il rentre, en partie, dans la cuite de 1er jet. Le reste sert à faire le pied de cuite de 2e jet.

Le dernier égout sert à claircer les sucres de 1er jet de l'opération suivante.

Les seconds jets sont cuits en grain pendant 24 heures dans deux appareils à cuire. On serre beaucoup dans l'appareil, puis on dilue. On obtient généralement du grain très fin. Le malaxage dure 2 jours. Il a lieu dans quatre malaxeurs horizontaux. On fait le turbinage dans des turbines Weston.

L'usine possède 7 générateurs, représentant une surface de chauffe de 1.260 mètres carés. Il n'y en a que 5 qui servent en ce moment. Tous sont chauffés au bois ; on brûle environ 180 kilogrammes de bois de hêtre par 1.000 kilogrammes de betteraves. La sagène cubique (2 m. 10 en cube) pèse 325 pouds, soit 5.330 kilogrammes, et coûte 24 roubles, soit 63 fr. 60. La dépense de combustible par tonne s'élève donc à environ 2 fr. 10. On dépense environ 55 à 60 kilogrammes de vapeur par 100 kilogrammes de betteraves. Cela représenterait environ 70 à 75 kilogrammes de notre charbon à 8.000 calories. La cheminée a 40 mètres de hauteur et 2 mètres de diamètre intérieur sur toute la hauteur.

Le tirage au pied de la cheminée est de 15 m/m. On obtient des gaz de combustion de 11 à 13 % d'acide carbonique, qui ont environ 200° pris en avant du registre.

La teneur des gaz en acide carbonique est indiquée par un appareil enregistreur qui peut être mis en communication avec chaque générateur.

Quant à la pierre à chaux, elle coûte 5 « copecs » par poud, rendue usine, soit 8 francs par tonne. Elle ne paraît pas de très bonne qualité.

Dans certaines usines elle coûte davantage. Il ne faut donc pas s'étonner qu'en Russie on cherche, dans beaucoup d'usines, à diminuer la dose de chaux à employer pour l'épuration des jus.

Les sacs de sucre sont relativement chers. Ils pèsent en moyenne 750 grammes et coûtent 9 roubles le poud, soit environ 1 fr. 10 le sac.

Chaque fabrique a son magasin à sucre. Il n'y a ni magasins généraux, ni Bourse de commerce comme il y en a en France dans nombre de villes.

Voici maintenant quelques chiffres sur la marche du travail :

	Pureté apparente
Jus de diffusion	88.4
Jus de pression	86.1
Jus de 3° carbonatation (avec refonte)	91.4
Sirop	91.6
Masse cuite 1er jet (coulée)	91.1
— en turbinage	85.8
— de 2° jet (coulée)	71.7
— en turbinage	67.9
Egout pauvre	68.4
2° égout	78.8
Dernier égout	93.4
1er égout (2° jet ou mélasse)	53.8 ?
Egout de clairçage (2° jet)	61.8 ?

Sucrerie de P...

Elle travaille environ 800 tonnes par jour. Les betteraves sont lavées dans un laveur épierreur spécial, divisé en deux compartiments et dont l'arbre est pourvu de cinq bras portant de grandes cuillères perforées.

L'usine possède deux batteries de 11 diffuseurs de 40 hectolitres.

L'épuration est faite par trois carbonatations, dont les deux premières sont continues, et la troisième discontinue. Le lait de chaux est mesuré dans le mesureur Cerny et Stolc.

L'évaporation a lieu dans un quadruple-effet à caisses horizontales qui a une surface de chauffe de 1.800 mètres carrés, et dont le 1er corps est pourvu d'un circulateur. Le sirop est sulfité entre le 2e et le 3e corps.

Les cuites de premier jet sont faites dans des cuites Lexa.

Elles durent 6 à 7 heures. A chaque cuite correspond un malaxeur.

Il y a pour les premiers jets six turbines Weston commandées par courroie.

Pour les seconds jets, l'usine possède 2 cuites horizontales Czapikowsky-Witkowicz. Les masses cuites obtenues sont refroidies pendant 36 heures dans 6 malaxeurs horizontaux sans organe de refroidissement puis turbinées dans des turbines ordinaires.

Le sucre de 2° jet est fondu dans du jus, puis rentré dans le jus de 3° carbonatation avant la filtration.

Nous venons de dire que les malaxeurs n'ont pas d'organe de réfrigération. En voici les raisons : l'usine est très vaste et possède de grandes fenêtres ou portes. D'autre part, les froids sont souvent très vifs au moment de la fabrication. Il en résulte que le refroidissement spontané y est suffisant pour la durée de malaxage adoptée. Quelquefois, même il est trop rapide et il détermine des grains fins dans les masses cuites.

Les générateurs de vapeur sont de deux types : type Fairbairn et type à bouilleurs. Il y a dans l'usine 26 machines à vapeur qui représentent environ 600 chevaux de force, ce qui représente environ 0 ch. 75 par tonne de betteraves travaillées journellement.

Fabrique de K... (Pologne)

Elle est installée pour travailler 500 tonnes par jour. Les betteraves sont amenées dans l'usine par un transporteur hydraulique, puis par une roue élévatrice. Le coupe-racines (qui est à disque horizontal) a 2 m. 20 de diamètre et possède des alvéoles à 40 c/m de longueur. Chaque porte-couteau porte trois couteaux à fine division. On emploie des couteaux de division plus grosse quand les betteraves sont gelées.

Il y a 12 diffuseurs de 48 Hl. L'eau d'alimentation arrive dans la batterie par une pompe qui donne une pression de 2 kilos. Les calorisateurs sont chauffés avec de la vapeur du 1er corps.

On fait la défécation avec du lait de chaux. L'épuration est continuée par deux carbonatations et une sulfitation.

L'évaporation a lieu dans un quadruple-effet, précédé d'un Pauly.

Les différents corps ont les surfaces de chauffe suivantes :

    300 mètres carrés
    240   —
    165   —
    140   —
    ____

Total : 845 mètres carrés avec en plus un Pauly de 40 mètres carrés.

Les sirops sont sulfités entre le 3e et le 4e corps, par une sulfitation continue.

La cuite de 1er jet est faite dans deux appareils verticaux : l'un de 240 Hl., l'autre de 200 Hl.; celle de 2e jet est faite en grain dans un appareil de 240 hectolitres.

Après malaxage dans des malaxeurs horizontaux, le turbinage des premiers ou des seconds jets est fait dans des turbines Weston commandées par courroie.

L'usine possède 7 générateurs Galloway de 130 mq. de surface de chauffe et 1 générateur multitubulaire de 250 mq. Pour les chauffages, on se sert de vapeur à 7 kilos de pression qu'on détend à 4 kilogrammes.

Le four à chaux est un four à gazogène. La pierre ne semble pas être de très bonne qualité. Il faut aller la chercher assez loin.

Fabrique de K... (Pologne)

L'usine travaille 600 tonnes par jour. Elle extrait les jus dans une batterie de 16 diffuseurs de 45 Hl. qu'elle alimente en partie avec des eaux de presses. Il se produit souvent des gaz. L'épuration des jus est faite par une défécation au lait de chaux et par une double carbonatation.

L'appareil d'évaporation se compose d'un quadruple-effet à caisses horizontales, représentant une surface de chauffe totale de 1.200 mq. et précédé d'un Pauly de 110 mètres carrés.

Le travail des masses cuites est fait en deux jets cuits en grain (les cuites de 2° jet durent 18 à 20 heures). Pour le premier jet, il y a des turbines Weston actionnées par courroie, et pour le second jet, des turbines Fesca.

Les générateurs sont à double foyer intérieur ; ils représentent une surface de chauffe de 1.200 mètres carrés. On brûle du charbon à 5.500 calories qui coûte 21 francs la tonne.

*
* *

En résumé, la diffusion en est en général insuffisante pour le travail qu'on lui demande : cela provient de l'augmentation progressive du travail journalier, conséquence de l'augmentation de la production. Dans l'une des usines, on a monté, à titre d'essai, le procédé Bosse, qui comporte l'extraction des jus par une double pression à chaud. Dans une autre, on a monté la diffusion continue Hyross-Rak.

L'épuration des jus est généralement faite par une défécation au lait de chaux, suivie d'une double carbonatation et d'une sulfitation, ce qui n'empêche pas de sulfiter les sirops, soit entre les deux derniers corps, soit à la sortie du multiple-effet.

Souvent, les usines sont obligées d'aller chercher très loin la pierre à chaux dont elles ont besoin, et à en juger par l'aspect extérieur, cette pierre ne semble pas toujours être de très bonne qualité. Rendue usine, elle coûte relativement cher.

L'évaporation est généralement faite dans un quadruple-effet, précédé d'un Pauly. Les caisses sont tantôt verticales, tantôt horizontales. Le Pauly est quelquefois horizontal. La plupart des postes sont chauffés avec de la vapeur de jus.

Les usines font généralement deux jets, et le deuxième jet est cuit au grain. Si l'une d'elles fait trois jets, c'est parce que l'appareil à cuire Grossé qu'elle emploie pour les seconds jets ne donne pas les résultats attendus.

Le turbinage des premiers jets et souvent aussi celui des seconds jets sont faits dans des turbines Weston, commandées par courroie. Généralement, les sucres roux de bas-produits sont fondus dans du jus et rentrés dans le travail, en avant de l'appareil d'évaporation.

Aucune des usines que nous avons visitées ne sèche la pulpe. La mélasse est employée à l'alimentation du bétail, ou va en distillerie.

Pour une même campagne, les rendements sont très variables d'une usine à l'autre. Dans l'une des usines, on nous a indiqué, pour la campagne 1910-1911, un rendement d'environ 17 de sucre blanc et, dans l'autre, un rendement de 14 de sucre blanc par 100 kilogs de betteraves. Cela conduit forcément à des prix de revient différents pour le sac de sucre.

Voici les chiffres qui nous ont été communiqués au printemps ét que M. Domergue a reproduits dans son rapport :

Prix de revient de 100 kilos de sucre dans 51 usines russes

Pendant les Campagnes 1904-05 à 1906-07

CATEGORIES	DESIGNATIONS	1904-05	1905-06	1906-07
17 GRANDES USINES	Coût des betteraves (1)	15 45	18 84	17 29
	Frais de fabrication (2)	5 51	6 77	6 14
	Frais généraux (3)	5 81	5 96	3 80
	Frais commerciaux (4)	0 59	0 42	0 31
	TOTAUX	27 36	31 99	27 54
	Frais d'amortissement	2 51	2 33	1 46
	Frais d'impôts industriels supplémentaires	»	»	»
17 MOYENNES USINES	Coût des betteraves (1)	15 30	19 52	16 79
	Frais de fabrication (2)	5 34	6 77	6 25
	Frais généraux (3)	7 70	7 60	5 20
	Frais commerciaux (4)	0 59	0 89	0 69
	TOTAUX	27 93	34 78	28 93
	Frais d'amortissement	2 77	3 57	1 84
	Frais d'impôts industriels supplémentaires	»	»	»
17 PETITES USINES	Coût des betteraves (1)	17 35	20 01	18 08
	Frais de fabrication (2)	6 30	7 72	6 48
	Frais généraux (3)	8 83	9 56	6 91
	Frais commerciaux (4)	0 66	0 97	0 59
	TOTAUX	33 14	38 26	32 06
	Frais d'amortissement	2 27	2 51	1 99
	Frais d'impôts industriels supplémentaires	»	»	»
MOYENNES des 51 USINES	Coût des betteraves (1)	15 79	19 30	17 29
	Frais de fabrication (2)	5 61	6 97	6 25
	Frais généraux (3)	6 72	7 24	4 86
	Frais commerciaux (4)	0 60	0 69	0 48
	TOTAUX	28 72	34 20	28 88
	Frais d'amortissement	2 55	2 81	1 71
	Frais d'impôts industriels supplémentaires	0 81	0 85	0 84

(1) Y compris les frais de conservation et de livraison des racines.
(2) Salaires des ouvriers et employés, chauffage, éclairage, chaux, graissage, sacs, toile cuite, emballage, etc...
(3) Administration, écoles, hôpitaux, réparations, assurances, bâtiments, machines, imp de l'Etat et provincial.
(4) Transport du sucre au chemin de fer, assurance, frais d'entrepôt, courtage, etc...

I es prix ont été plus faibles en 1910-1911 et 1911-1912 ; mais ils varient beaucoup d'une fabrique à l'autre· Nous ne donnons les chiffres suivants qu'à titre d'indication, sans leur accorder le caractère de généralité.

Dans une fabrique d'outre-Dniéper, le prix de revient du sac de sucre a été :

En 1910-11, de .... 22 fr. 30
Et en 1909-10, de................................... 24 fr. 54

Cela représente, pour la campagne 1910-11, une dépense d'environ 38 fr. 50 par tonne de betteraves, dans laquelle le prix des betteraves entre pour 22 à 23 fr.

Les betteraves ont donné un rendement d'environ 17 % de sucre.

Dans une fabrique de la région du Sud-Ouest, les prix de revient du sac de sucre ont été les suivants pendant les dernières campagnes :

1910-11 .... 27 fr. 53
1909-10 ·.......................... 27 fr. 20
1908-09 .... 28 fr. 80

En 1910-11, le rendement de la betterave, en sucre, s'est élevé à environ 14 %·

Voici maintenant quelques indications sur les prix de la pulpe et de la mélasse dans les différentes régions russes :

	Pulpe	Mélasse
Pologne	3 à 5 fr.	2 à 3 fr.
Sud-Ouest	2 à 6 fr.	1 60 à 3 fr. 20
Outre-Dniéper	2 50 à 3 fr. 20	2 » à 5 fr.

Souvent la fabrique donne, par tonne de betteraves, en plus du payement argent, 350 à 550 kilos de pulpe et 8 à 10 kilos de mélasse et livre la graine gratuitement ou à un prix réduit.

TABLE DES MATIÈRES